Les algorithmes font-ils la loi ?

De la même auteure

De l'autre côté de la Machine. Voyage d'une scientifique au pays des algorithmes, Éditions de l'Observatoire, coll. « De Facto », 2019.

L'apprentissage fait la force, Éditions de l'Observatoire, coll. « Et après ? », 2020.

Aurélie Jean

Les algorithmes font-ils la loi ?

Éditions de
L'Observatoire

ISBN : 979-10-329-1501-1
Dépôt légal : 2021, octobre

170 *bis*, boulevard du Montparnasse, 75014 Paris

To Jane and Brian Krantz.

« If you can't explain something in simple terms, you don't understand it. »

Richard Feynman

Introduction

Nous sommes en 2054 dans la ville de Washington, située dans le district de Columbia, aux États-Unis. Depuis six ans, les autorités locales ont mis en place un système prédictif pour aider la police et la justice dans l'exercice de leurs fonctions. En pratique, ce système, appelé Precrime et géré par la société du même nom, fournit régulièrement aux agents de police les noms de futurs criminels, d'individus qui sont sur le point de commettre un crime et que le système aura prédit. Ces prédictions proviennent de visions de trois êtres aux pouvoirs surnaturels et à l'extrême sensibilité, hébergés et protégés par la société Precrime. On les appelle les *precogs*. Une fois la prédiction récupérée par les agents, une équipe intervient sur le lieu du futur crime, parfois quelques minutes seulement avant que celui-ci soit commis, afin d'arrêter le futur criminel pour le crime qu'il s'apprêtait à commettre. Le jugement est également expédié voire systématisé par une connaissance préétablie des circonstances du crime ainsi que par l'impossibilité légale ou au moins l'incapacité paradoxale pour un individu de se défendre pour un acte qu'il n'a concrètement pas encore réalisé. Même si l'efficacité apparente d'un tel dispositif est attirante grâce à l'éradication sans précédent de la criminalité dans la capitale américaine en seulement quelques années, elle soulève de nombreuses inquiétudes tant sur les mécanismes de prédiction que sur les conséquences de ses résultats et la manière dont les agents de police et la justice les utilisent. L'officier John Anderton, chef de l'organisation gouvernementale expérimentale Precrime, en fera l'amère expérience en étant désigné par le dispositif comme futur auteur du meurtre avec préméditation de Leo Crow. La suite démontre que cette prédiction n'était pas sans défaut. Justement, un rapport tenu secret et entre les mains uniquement du directeur de l'agence Precrime contient les quelques faux positifs du système prédictif. Ces prédictions ratées, qui ont pour certaines d'entre elles fait enfermer des innocents, restent cachées au grand public, évitant ainsi d'affaiblir la confiance des citoyens et des pouvoirs publics dans le système, et, pire, que les autorités locales abandonnent Precrime.

Vous avez peut-être reconnu le pitch du film *Minority Report*, réalisé par Steven Spielberg en 2002 et adapté de la nouvelle du même nom de l'auteur américain Philip K. Dick, écrite en 1956. Si dans ce récit les prédictions sont le fruit de visions d'individus aux pouvoirs surnaturels, les *precogs*, elles sont facilement transposables à des prédictions provenant de simulations algorithmiques. En effet, dans une simulation numérique sur ordinateur, une logique est exécutée par un algorithme construit pour simuler un phénomène, un scénario ou une situation, desquels on peut tirer des analyses, des réponses ou encore des éléments de prédiction sur le phénomène simulé.

Ainsi, les simulations météorologiques faisant appel à des équations mathématiques décrivant la physique des courants marins et des courants d'air, mais aussi à des données d'apprentissage constituées de situations météorologiques historiques, permettent de fournir assez précisément les températures, les taux d'humidité ou encore la force et la direction du vent, même sur des temps longs. Des algorithmes dont la logique est alimentée, entre autres, par une connaissance précise de la transmission du virus de la grippe saisonnière, et par les scénarios d'épidémie des années précédentes, permettent également d'apporter des éléments de prédictions sur la propagation du virus géographiquement et démographiquement. J'ai pour ma part construit des algorithmes capables de décrire mathématiquement le comportement mécanique du cerveau humain soumis à un choc et d'estimer les risques de traumatisme crânien de type moyen, et ainsi d'anticiper l'apparition des symptômes souvent différés chez la victime, tels que l'insomnie, la perte de mémoire ou même la dépression.

Pour l'exercice de comparaison et une transition bien faite, on dira qu'aux cerveaux des *precogs* de *Minority Report* se substituent dans notre monde bien réel les microprocesseurs de l'ordinateur. En reprenant en 2002 sur grand écran le texte de Philip K. Dick, Spielberg anticipe ce qu'il adviendra presque une décennie plus tard à Los Angeles avec le système PredPol, qui prédit les crimes à venir via des simulations sur ordinateur exécutées par un algorithme prenant en compte les données liées aux crimes passés.

Ces fictions nous fascinent, nous stimulent et nous font réfléchir. Je suis moi-même une inconditionnelle des récits d'anticipation, qui nous projettent dans un futur souvent fantasmé mais jamais complètement incongru. Ces scénarios, à l'image de celui de *Minority Report*, questionnent souvent notre place dans l'ordre du monde. Cette dernière décennie, j'ai vu mon intérêt grandir encore davantage pour ces récits pour la simple et bonne raison que beaucoup d'entre nous s'appuient dessus pour parler d'intelligence artificielle, de robotique ou encore d'algorithmes. Ce renvoi quasi systématique à ces histoires m'intrigue et m'interpelle. Faire référence au contenu de ces succès cinématographiques et littéraires n'est pas sans risques quand on ne maîtrise pas les tenants et les aboutissants technologiques et scientifiques du sujet en question. La réalité est toujours plus subtile : comme on dit, « le diable est dans les détails ».

On admettra néanmoins qu'il est intéressant d'analyser ces fictions dans le but de distinguer ce qui existe déjà algorithmiquement, ce qui n'arrivera peut-être jamais, et ce qui viendra certainement à être inventé dans le futur. À l'instar des récits de Jules Verne, *Le Tour du monde en quatre-vingts jours*, *De la Terre à la Lune* ou encore *Vingt mille lieues sous les mers*, qui ont tous, d'une certaine manière, rétrospectivement donné raison à leur auteur. Selon la même logique, *Minority Report* nous encourage à interroger les motivations et les usages de la justice prédictive et, bien au-delà, de la prédiction algorithmique. Comment (et pourquoi) utiliser les algorithmes pour prédire le futur et le contrôler en agissant sur le présent ? Un rêve pour nombre d'entre nous en quête de maîtrise de nos destinées, mais qui pourrait également se transformer en un cadeau empoisonné tant la manière d'y parvenir se révèle bancale et parfois fragile. Bancale par le simple risque de biais algorithmiques. Sans parler des implications philosophiques déconcertantes.

La justice dite « prédictive » est un cas intéressant au vu des nombreux développements déjà observés, mais aussi en cours – qui diffèrent évidemment selon les pays et les systèmes judiciaires. Petit aparté : je préfère parler de justice « algorithmisée[1] », qui exprime plus précisément ce qui est fait, à savoir algorithmiser certaines parties de la justice afin d'obtenir des éléments pertinents de prédiction et d'analyse – à l'image du système américain PredPol, sur lequel nous reviendrons plus en détail –, et non de prédire *stricto sensu* la justice à appliquer ou à pratiquer.

Moins évidentes, moins débattues peut-être, mais sûrement encore plus captivantes, sont l'élaboration

1. Adrien Basdevant, Aurélie Jean et Victor Storchan, « Mécanismes d'une justice algorithmisée », note pour la Fondation Jean-Jaurès, juin 2021.

et l'appréciation de la loi face aux cas judiciaires impliquant des algorithmes, tant dans les usages que dans les développements. Les scandales technologiques, qui prennent une place médiatique largement justifiée, nous rappellent la puissance, la force mais aussi la faiblesse des algorithmes, ou devrais-je écrire de ceux qui les conçoivent et qui les utilisent. Rappelez-vous[1], les algorithmes ne sont ni sexistes, ni racistes, ni coupables d'une quelconque faute ; les seuls responsables sont ceux qui les conçoivent et qui les alimentent de leurs données par leurs usages parfois biaisés. En d'autres termes, nous humains sommes les responsables de cette division algorithmisée injuste et redoutable des êtres, ou des abus et autres malhonnêtetés dont le vecteur d'action voire l'arme[2] est l'algorithme.

Parmi ces scandales algorithmiques, on peut citer l'une des affaires les plus malheureusement populaires, Cambridge Analytica, en 2018, et la vente de données personnelles d'utilisateurs Facebook pour alimenter des algorithmes destinés à créer du contenu ciblé sur les réseaux afin d'orienter les votes d'une élection présidentielle. En 2015, Google biaise son algorithme de reconnaissance morphologique sur photo qui identifie par erreur les personnes afro-américaines comme des gorilles. Plus récemment,

---

1. Aurélie Jean, *De l'autre côté de la Machine. Voyage d'une scientifique au pays des algorithmes*, Éditions de l'Observatoire, coll. « De Facto », 2019.
2. Cathy O'Neil, *Weapons of Math Destruction: How Big Data Increases Inequality and Threatens Democracy*, Crown Books, 2016.

en 2019, c'est au tour de l'application Apple Card, dont la conception algorithmique biaisée propose aux hommes des lignes de crédit jusqu'à vingt fois plus élevées que celles des femmes à mêmes conditions fiscales et avec le même historique de crédit.

Usage abusif ou illégal de données personnelles, fuite de données de profilage, manipulation politique algorithmisée des opinions populaires, ou encore discrimination technologique sur la base du genre, de la couleur de peau, de l'orientation sexuelle ou de l'âge, tous ces scandales soulèvent des questions sur l'encadrement légal des pratiques et du rôle des acteurs. J'écris les « pratiques », car chercher à réguler les algorithmes *stricto sensu* n'a technologiquement aucun sens dans la mesure où on ne peut pas les auditer entièrement dans la majorité des cas. En revanche, il faut chercher à les expliquer ou à interpréter leurs résultats. Je reviendrai sur ce point fondamental, qui est l'un des piliers de ce livre. Les (bonnes) pratiques concernent la réflexion, la conception, le développement technique, le test, le déploiement mais aussi le *back testing* des algorithmes quand ils sont entre les mains des utilisateurs (on dit aussi qu'ils sont « en production »). L'encadrement des (bons) acteurs quant à lui concerne leurs rôles et leurs obligations à l'égard des utilisateurs des outils qu'ils produisent, mais aussi à l'égard des États où ils agissent économiquement et où ils sont implantés, ainsi qu'à l'égard des autres acteurs. En général, la loi ne mentionne pas de devoirs mais évoque systématiquement des droits et des obligations. Les devoirs ne permettant pas, s'ils ne sont pas réalisés, une quelconque poursuite judiciaire, amende ou peine. Les devoirs des acteurs sont alors uniquement d'ordre moral.

Le sujet de la législation des algorithmes n'est bien évidemment pas nouveau, et les États, de manière très inégale d'un pays à l'autre, s'y intéressent depuis des années déjà, voire des décennies, de manière indirecte. Plus précisément, avec l'émergence d'Internet, des grands flux de données à travers le globe, de la data comme poumon de nombreux modèles économiques, et d'acteurs toujours plus puissants technologiquement et économiquement, les États s'organisent pour comprendre, encadrer et répondre aux nouveaux enjeux économiques et sociaux liés à la data. Rappelons que les algorithmes fonctionnent grâce aux données collectées sur la situation, le phénomène ou le scénario à simuler, et donc possiblement sur les données à caractère personnel des individus. Initialement réfléchis et développés pour protéger les informations citoyennes détenues par les institutions publiques, les textes de loi s'enrichissent avec les années pour répondre à la gestion des données à caractère personnel par les acteurs privés. La mission d'un État comme la France est de garantir entre autres le droit aux libertés individuelles, à la vie privée, ou encore à la protection des données à caractère personnel de ses citoyens, mais aussi une certaine fluidité économique. Et ainsi éviter une sorte de jungle algorithmique ou les algorithmes feraient la loi. Cela vous rappelle peut-être le titre « Code is Law[1] » de l'article du Pr Lawrence Lessig, qui souligne en 2000 les menaces qui pèsent sur nos libertés dans le cyberespace à travers une régulation effective incarnée par le code informatique, loin de toute gouvernance étatique.

Parmi les textes législatifs actuellement en vigueur dans le monde, on peut citer le texte européen de protection des données connu sous le nom de RGPD[2], largement inspiré de la loi française Informatique et Libertés, votée en 1978. Mais également son alter ego américain, moins connu des citoyens du Vieux Continent, le CCPA[3], construit par l'État de Californie et appliqué dans quelques États du pays de l'Oncle Sam. Ces textes sont dans leur forme et dans leur contenu les pierres angulaires de la régulation de l'usage des données à caractère personnel des utilisateurs et des consommateurs. Si légiférer sur ces données est une étape fondamentale pour s'assurer de l'encadrement du développement et des usages des algorithmes, il faut désormais aller plus loin encore – même si je sais combien ce sujet est délicat.

Plus délicat, car il est davantage difficile pour les législateurs de comprendre et de se représenter un algorithme, contrairement aux données, dont le terme est entré dans notre langage courant. Plus

1. Lawrence Lessig, « Code is Law: On Liberty in Cyberspace », *Harvard Magazine*, 2000.
2. Règlement général sur la protection des données.
3. California Consumer Privacy Act.

délicat également, car la science algorithmique est une science bien plus abstraite et plus complexe que la science de la data. Cela étant dit, la France ayant réussi à encadrer la manipulation génétique – loin d'être une discipline aisée à comprendre –, tout est possible. On ne peut cependant pas écarter, à l'instar des nombreux débats sur la manipulation génétique, les confrontations parfois violentes que vont engendrer les échanges populaires et parlementaires sur ce sujet si sensible. Défenseurs des libertés, conservateurs économiques, nationalistes ou encore libertaires articuleront sûrement avec une certaine maladresse ce prochain combat des idées. De ces oppositions, même idéologiques et politiques, naîtront des divisions que j'espère réversibles et sans cicatrices entre les individus possédant des niveaux de compréhension profondément inégaux mais aussi des intérêts différents.

De manière générale, la légifération d'un sujet technique tel que la data ou les algorithmes nécessite de prêter attention à plusieurs aspects. Dans l'idéal, il faut tout d'abord veiller à ce que les textes s'inscrivent dans l'objectif d'encourager l'innovation et de ne surtout pas la freiner inutilement. Ils doivent également garantir l'absence de vides technologiques (à l'image des vides juridiques) qui, par une mauvaise déclaration, une approximation voire une erreur d'écriture dans les textes, risqueraient d'empêcher l'exécution fidèle de l'article de loi, ou, pire, de produire les effets inverses. On étudiera en ce sens, entre autres, plus loin dans ce livre les vides technologiques dans certains articles du RGPD portant sur le droit à l'oubli ou encore le profilage. Enfin, il est primordial de prendre en compte l'adaptabilité des textes dans le temps. Par exemple, la loi Informatique et Libertés, votée en 1978, et portant sur les données à caractère personnel stockées dans des fichiers informatiques, a été revue en 1995 pour l'élargir aux données transportées, en raison notamment de l'apparition d'Internet et du *cloud*. Il est bien évidemment difficile d'anticiper les ruptures scientifiques et technologiques futures, mais une connaissance et une attention particulières du législateur aux recherches scientifiques actuelles sont nécessaires pour appréhender au mieux les avancées futures et donc la morphologie des textes à concevoir dans le temps présent.

En cela, les algorithmes sont un cas plus compliqué que cela paraît ou laisse penser. En effet, depuis une décennie on note une accélération significative des évolutions scientifiques et technologiques dans le domaine algorithmique et de l'intelligence artificielle. Alors qu'il y a vingt ans les résultats de recherches académiques devaient attendre des décennies, quand ils ne restaient pas sur l'étagère du laboratoire[1], pour être utilisés par les acteurs industriels, on observe qu'il ne faut plus que quelques années aujourd'hui. Pouvant rendre par la même occasion obsolètes les méthodes développées deux ans auparavant seulement.

1. Expression imagée, car on ne peut pas concrètement poser un algorithme sur une paillasse ou une étagère.

Les lois s'inscrivent par définition dans les temps longs. La loi est même généralement perçue comme conservatrice dans la mesure où les textes arrivent bien souvent en décalage, pour ne pas dire en retard, avec les pratiques sociales. Ce fut le cas de la loi pour l'interruption volontaire de grossesse, qui s'inscrivit dans une temporalité à rebours, la pratique sociale – et donc illégale – ayant largement devancé le texte. La naissance de certains textes vient néanmoins d'une posture progressiste de la loi, comme le mariage pour tous, qui n'a suivi aucune pratique sociale puisqu'il était en pratique impossible de marier légalement deux personnes de même sexe. Le mariage pour tous a été construit sur une idée ouverte et inclusive de la famille sans l'existence de signaux forts dans la pratique sociétale, hormis une volonté de citoyens de faire avancer les choses. En 1978, on a légiféré, par les textes Informatique et Libertés, sur l'usage des informations individuelles après que le ministère de l'Intérieur a commencé à les stocker dix ans auparavant, ce qui en fut la principale motivation.

À ce décalage entre pratiques sociales et pratiques régulées s'ajoute donc dans le cas de l'algorithmique l'accélération de la recherche et du développement ainsi que du déploiement industriel. Cette différence de temporalité entre la loi et les algorithmes, pouvant résulter en une profonde désynchronisation, doit être prise en compte par les législateurs lorsqu'ils pensent et conçoivent les textes. Sans cela, la loi, encore plus en retard par rapport aux pratiques sociales et économiques, se verra rétrograder davantage dans une position conservatrice.

Le sujet de la régulation de tout ce qui touche de près ou de loin aux algorithmes est en réalité l'arbre qui cache la forêt. Alors qu'on aimerait croire qu'il suffirait de décrire l'algorithme sous sa forme actuelle pour souligner les possibles abus et les déviances de ceux qui conçoivent et utilisent ces entités mathématiques et numériques, la réalité est bien plus compliquée. Aujourd'hui, au moment où j'écris ce livre, en 2021, les algorithmes sont encore pour beaucoup relativement descriptibles. Écrit autrement, on peut en définir même de manière approximative la logique de fonctionnement et les raisons de l'apparition de résultats spécifiques. L'évolution de l'abstraction des prochaines générations d'algorithmes représente un tournant majeur dans la construction des régulations portant sur leurs usages. On ne peut réguler que ce qu'on peut évaluer, sans quoi la loi ne peut être interprétée correctement, pire la justice perd son principe de transparence fondamentale pour un traitement équitable entre les individus.

Le principe d'explicabilité et d'interprétabilité des algorithmes est un sujet majeur dont il est urgent de se saisir, sans quoi une réflexion profonde sur la manière de réguler le monde des algorithmes est impossible. Dans ce livre, nous nous pencherons en particulier sur l'évolution future du niveau d'explicabilité et d'interprétabilité des prochaines générations d'algorithmes. Nous regarderons aussi quelques méthodes de calcul numérique pour comprendre la logique de ces algorithmes. Ces changements influenceront certainement la forme et le contenu des textes de loi à venir sur le développement et l'usage des algorithmes, mais aussi sur la protection des données à caractère personnel. Sans explicabilité minimale de l'algorithme il est alors difficile d'apprécier et d'appliquer la loi le concernant. Encore une fois, on ne régule que ce qu'on peut évaluer.

J'ai écrit ce livre dans le but de fournir une grille de lecture à ceux qui souhaiteraient comprendre, démêler le vrai du faux, reconnaître toute forme d'approximations sur le sujet de la régulation autour des algorithmes. Que ce soit au sein de discussions populaires, médiatiques voire au sein même de l'Hémicycle. Qu'on soit juriste, dirigeant politique ou économique, scientifique, ingénieur ou plus généralement citoyen, nous devons maîtriser la signification des lois qui régissent le fonctionnement social et économique de notre pays de résidence, à différents niveaux et selon notre degré d'interaction avec elles. Ceux qui pensent et construisent les lois comprennent et naviguent différemment dans le tissu judiciaire que les citoyens qui s'y soumettent et sont en théorie protégés par elles. À l'heure où la vie privée se dilue sur Internet et où nos données à caractère personnel forment les fondations du modèle économique de nombreuses entreprises, on assiste à une réaction compréhensible (mais jamais justifiable) d'individus surchauffés et contrariés, que nous sommes tous ou que nous risquons à tout moment de devenir, face à tant de sauvagerie apparente dans le monde de la data, où les algorithmes dictent, en apparence, leurs lois. Il est temps de dépassionner (une fois de plus) le débat et permettre à chaque acteur, du citoyen au législateur, de contribuer au prochain tissu judiciaire, social et économique de son pays. La justice exige une transparence inconditionnelle pour permettre une appréciation juste de la loi, et une décision judiciaire lisible et compréhensible par tous. Comprendre les algorithmes fait aujourd'hui partie de l'effort à réaliser pour atteindre un tel objectif.

J'ai également écrit ce livre pour m'aider à y voir plus clair. L'arrivée du RGPD et du CCPA, en 2018, a bien évidemment attiré mon attention, en particulier le contenu des articles et les différences entre les textes européen et californien. J'ai compris (même dans les grandes lignes), à l'aide de livres bien faits[1], les tenants et les aboutissants du RGPD. J'ai pu identifier dans le texte européen ce que je nomme des « vides technologiques ». De longues discussions avec quelques amis avocats pour les convaincre de l'existence de ces vides, et non d'une ambiguïté souvent nécessaire à la souplesse de la loi, m'ont fait prendre conscience de la complexité du sujet. Mais aussi d'incompréhensions de toutes parts, à commencer par les miennes. Je ne suis pas avocate et pourtant ce n'est pas faute d'avoir été pendant tant d'années entourée de cousins et cousines formés sur les bancs de la fac de droit. J'ai préféré les mathématiques et la physique aux doux sons de la plaidoirie, des mécanismes judiciaires et de la pyramide des normes. Je conçois et développe des

---

1. Fabrice Mattatia, *RGPD et droit des données personnelles*, Eyrolles, 2019.

algorithmes dans des domaines concrets allant de la médecine à la finance, en passant par le commerce de détail ou encore la création artistique. Même si je ne travaille bien évidemment pas dans tous les domaines propres à l'algorithmique, j'en comprends les mécanismes, les défis et les ruptures à venir. Je n'ai pendant longtemps possédé qu'une connaissance honteusement maigre de la loi, ce qui a eu tendance à me désarmer maintes fois face aux grands sujets de régulation des données et des algorithmes.

J'entends ou je lis très régulièrement « Il faut réguler les algorithmes ». Cette déclaration *a priori* banale cache en réalité une méconnaissance (compréhensible) de la part des déclarants de la nature d'un algorithme et de la façon dont il se construit et s'utilise. Aujourd'hui, les États, les décideurs économiques et les citoyens discutent, débattent et questionnent cette fameuse régulation jugée nécessaire par tous. Mais les prochains textes ne pourront être articulés correctement que s'ils sont pensés et construits sur la base de connaissances et de savoirs scientifiques et technologiques approfondis.

Je crois profondément à l'interdisciplinarité pour approcher les grands sujets de notre temps. La loi en fait partie, l'algorithmique aussi. Comprendre le RGPD, les étapes de conception d'une loi, ou le fonctionnement des juridictions en fonction des pays, me permet aujourd'hui de penser différemment un algorithme que je conçois et que je déploie. Mon cerveau jongle à présent également entre droit et science algorithmique, en pensant aux textes actuellement écrits mais aussi à ceux qui peuvent potentiellement être votés ou qui, au contraire, devraient déjà exister.

Il existe des avocats en nouvelles technologies et j'ai la chance de les côtoyer dans mon travail, mais aussi dans mes cercles d'amis, et qui, à l'instar d'Adrien Basdevant[1], comprennent le fonctionnement des algorithmes, leur calibration et leur apprentissage, mais aussi les données, tant dans la forme qu'elles prennent, la manière de les collecter, que dans les différents moyens de les utiliser. Mais il reste encore des inconnues à l'équation, que seuls des scientifiques peuvent aider à résoudre. La recherche et le développement des prochaines générations d'algorithmes en font partie. Comprendre les défis actuels et les solutions recherchées permet d'anticiper plus sérieusement le sens de la loi actuellement élaborée et de celles à venir. Et ainsi éviter que les algorithmes imposent des règles qui nous échappent, tout en profitant de leurs retombées scientifiques, sociétales et économiques.

Même si j'aborde ici le sujet des lois dans l'encadrement du développement et des usages des algorithmes, je ferai un bref détour plus loin dans ce livre sur l'usage des algorithmes dans la pratique judiciaire, en écho à *Minority Report*. Ce détour permettra de renforcer l'idée que tous les acteurs judiciaires doivent maîtriser un minimum les mécanismes de l'élaboration et du fonctionnement des

---

1. Adrien Basdevant et Jean-Pierre Mignard, *L'Empire des données. Essai sur la société, les algorithmes et la loi*, Éditions Don Quichotte, 2018.

algorithmes pour mieux les utiliser dans leurs métiers respectifs. La science algorithmique influence autant les textes de loi que l'exercice de la justice.

Au moment de la rédaction de ces lignes, nous sommes en 2020 en France, en pleine crise sanitaire, sociale et économique mondiale. En cause, un virus, le coronavirus, à l'origine d'une pandémie qui a imposé à des centaines de millions d'individus dans le monde de s'enfermer chez eux, de porter des masques de protection et de se laver les mains au gel hydroalcoolique en permanence. Certaines des plus grandes puissances mondiales sont gérées de manière relativement incapable, pour ne pas dire dangereusement. Et comme si cela ne suffisait pas, une explosion vient de survenir au Liban, au cœur de sa capitale. C'est ainsi que commence l'écriture de ce récit… Spielberg n'aurait pas mieux fait !

Chapitre 1

Une brève introduction aux algorithmes

Le travail d'introduction et de vulgarisation d'un sujet scientifique est toujours difficile. Les notions à traduire sont systématiquement complexes, le public relativement inégal dans ses connaissances, et les attentes souvent grandes. Ce chapitre est en cela délicat à écrire. Selon sa position sur l'échiquier technologique et scientifique, on lira ce chapitre plus ou moins rapidement avec différents niveaux de compréhension. Certains étant déjà passés *De l'autre côté de la Machine* y retrouveront des termes familiers et des exemples qui résonneront chez eux. Quoi qu'il en soit, les pages qui suivent sont fondamentales pour mettre au point un langage commun qui nous accompagnera tout au long de l'ouvrage. « Algorithmes », explicites *versus* implicites, « données », structurées *versus* non structurées, ou encore « intelligence artificielle » sont autant de mots dont il faut connaître la signification pour pouvoir se saisir des problématiques que je soulèverai au fil des pages de cet ouvrage[1].

1. Aurélie Jean, « Une brève introduction à l'intelligence artificielle », *Médecine et sciences*, 2020.

Les algorithmes et l'intelligence artificielle

On parle beaucoup d'intelligence artificielle sans savoir ce que cela implique. Même si ce mot fait *a priori* fantasmer ou peur (en quoi une « intelligence » pourrait-elle être « artificielle » ?), il mérite qu'on s'y penche le temps de quelques lignes. L'intelligence artificielle, qui est à la fois une discipline et un outil de modélisation scientifique, regroupe l'ensemble des techniques de représentations modélisatrices qui permettent de simuler par ordinateur un phénomène ou une situation. Ce phénomène peut être d'ordre physique, chimique, biologique, médical, sociologique, financier ou encore démographique. De ces simulations, on extrait des réponses à des questions, des éléments de compréhension du phénomène en question voire des composantes de prédiction. L'intelligence artificielle permet aujourd'hui d'identifier justement et rapidement une entité (animal, objet, individu, tumeur…) sur une image (photo, radiologie, dessin…), d'anticiper les évolutions (temporelles, géographiques et démographiques) d'une maladie telle que la grippe saisonnière, ou encore de détecter des fraudes financières sur des échelles de temps extrêmement courtes.

Cela étant dit, il est intéressant et nécessaire de comprendre ce qu'il se passe concrètement au cours de ces simulations d'intelligence. En pratique, un ou plusieurs algorithmes implémentés au sein d'un programme informatique, qu'on appelle également un « code », tournent sur un ou plusieurs processeurs de l'ordinateur. Sans prendre l'image de la recette de cuisine, tant redoutée pour ma part[1], tentons une définition d'un algorithme loin de toute création culinaire. Un algorithme est un ensemble hiérarchisé d'opérations logiques à exécuter dans le but de résoudre un problème ou de répondre à une question. Aujourd'hui, même si on fait inconsciemment référence aux algorithmes numériques, ils sont en réalité bien plus anciens. Le mot vient du nom latinisé *algorithmi* du mathématicien perse du IXe siècle Al-Khwarizmi, mais le concept de raisonnement logique de résolution, propre à l'algorithmique, date de l'époque d'Euclide et de son œuvre magistrale, *Les Éléments*, au IIIe siècle avant notre ère. L'algorithme, dans sa forme première, est donc destiné à être résolu à la main. J'ai passé mes six premiers mois de licence de sciences informatiques crayon à la main et feuille blanche sur la table. Cela étant dit, et ce que je découvris moi-même à 19 ans, la science algorithmique vit une sorte de révolution vers la moitié du XXe siècle avec l'apparition des premiers ordinateurs, à l'époque à transistors. Les algorithmes deviennent alors numériques. Contrairement aux algorithmes traditionnels, ils sont destinés à être exécutés automatiquement sur un ordinateur.

Parmi ces algorithmes (numériques), on peut distinguer les algorithmes que j'appelle « explicites », qui sont, comme leur nom l'indique, explicitement

---

1. Comme je l'exprime dans *De l'autre côté de la Machine* : « La recette de cuisine est un exemple d'algorithme, mais l'algorithme n'est pas une recette de cuisine. »

décrits par les scientifiques et les ingénieurs qui les conçoivent, des algorithmes « implicites » dont la logique de résolution est entièrement décrite implicitement. Entrons, si vous le voulez bien, un peu plus dans ces deux notions sans plonger néanmoins dans une liste exhaustive qui serait inefficace pour la suite de l'ouvrage.

Les algorithmes explicites *versus* implicites

Quand on construit un algorithme *explicite*, on en définit explicitement l'ensemble des règles logiques qui le détermine et qui permet, après implémentation informatique, de simuler le problème à résoudre. Dans les modèles les plus simples, on a par exemple ce qu'on nomme des « arbres décisionnels », qui sont représentés, à l'image d'un arbre bien réel, par des branches qui se subdivisent en nœuds, jusqu'aux rameaux sur lesquels sont définis les résultats de l'algorithme en fonction des conditions (données) d'entrée. À chaque nœud de l'arbre est décrite une condition sous forme de question (que l'on programme dans le code informatique associé) dont chaque réponse possible pilote le choix de la prochaine branche à prendre pour continuer jusqu'à un rameau (et donc la solution algorithmique). Ces conditions nodales sont écrites explicitement par les concepteurs, et proviennent souvent d'une connaissance de la logique sous-jacente aux scénarios à représenter, à partir de données. Ces arbres sont largement utilisés dans les outils de la vie courante. Par exemple, quand vous recherchez sur une application un restaurant, et que vous êtes dirigé selon le nombre d'invités, le style de cuisine (japonaise, française, chinoise, libanaise, etc.), ou encore l'heure de la réservation, vers une liste plus restreinte de choix possibles. Les conditions aux nœuds de l'arbre décisionnel peuvent aussi être générées automatiquement par apprentissage statistique, que nous verrons un peu plus loin. Elles sont alors *implicitement* définies.

Dans les modèles plus sophistiqués, on introduit des systèmes mathématiques parfois complexes, composés d'une ou plusieurs équations. Ces équations décrivent explicitement le phénomène à modéliser et à simuler par ordinateur. Ces systèmes sont souvent développés à partir d'une connaissance théorique du phénomène en question, d'expériences qui le reproduisent en partie, ou encore de données provenant de mesures de ce phénomène en conditions réelles. Ces équations possèdent souvent des constantes dont il faut déterminer les valeurs en réalisant un calcul d'optimisation des simulations de l'algorithme sur les données du phénomène dans le monde réel. On appelle ces données des données « de calibration ».

Les algorithmes implicites regroupent l'ensemble des algorithmes dits d'« apprentissage », plus connus sous le terme de *machine learning*. Sans entrer dans une rétrospective exhaustive, il existe des algorithmes d'apprentissage statistique qui développent par entraînement des critères implicites à partir d'un problème d'optimisation sur des données dites d'« apprentissage ». On peut par exemple citer les algorithmes de catégorisation qui classifient les données d'apprentissage selon des ensembles distincts par similarité statistique. Certains d'entre vous ont peut-être entendu parler de ces algorithmes à travers le terme anglais *clustering*. D'autres ont sûrement entendu ou lu l'expression « effet de bulle » pour parler des effets de ces algorithmes quand ils sont utilisés de manière extrême et rigide. Prenons le cas d'un algorithme qui catégorise les individus en fonction de leurs comportements sur un réseau social comme Twitter, comme le type de publications qu'ils partagent (à travers une analyse sémantique du texte, ou de l'utilisateur qui tweete), ou encore le contenu de leurs propres publications et du type de personnes qui les suivent. Dans ce cas précis, l'idée de ces *clusters*, ou de ces classes, est par exemple de pouvoir anticiper le comportement d'un individu appartenant à une classe en analysant celui des gens qui lui ressemblent, de cette même classe. L'idée est aussi de personnaliser le contenu que l'individu voit sur son fil Twitter à partir de ce que les autres utilisateurs de sa classe « aiment ». Le principe est efficace et permet à la fois de personnaliser des contenus et d'anticiper des intentions. Cela étant dit, poussé à l'extrême, par des classes très granulaires et des décisions uniquement basées sur cette classification, on prend le risque d'enfermer les gens dans une bulle d'usage et d'opinion. Mettant ainsi en danger la pluralité des avis nuancés, ou encore la démocratie à travers la manipulation d'opinion à des fins politiques, par exemple. Les données d'apprentissage nécessitent d'être structurées (nous reviendrons sur ce point un peu plus loin) et labellisées, c'est-à-dire de définir « algorithmiquement » la data, de décrire ce sur quoi l'algorithme va apprendre. Plus précisément, la structuration « mathématise » la donnée, structure sa description quantitative ou qualitative, tandis que la labellisation lui annote les valeurs de chaque champ de la structure. On parle également d'« annotation » ou encore d'« étiquetage » de la data. Toujours dans le cas de l'algorithme de catégorisation des utilisateurs de Twitter, on peut imaginer avoir comme entrées d'apprentissage le profil de chaque utilisateur d'un ensemble représentatif. Ce profil serait entre autres décrit par la localisation de l'utilisateur, son nombre d'abonnés et d'abonnements (on dit également en anglais *followers* et *followings*), sa fréquence moyenne d'action sur Twitter, ou encore le sentiment moyen des contenus qu'il « aime » (*like* dans le langage courant) ou qu'il poste. Cette structuration de la data « utilisateur » en un ensemble de champs associés à des valeurs (localisation, nombre d'abonnés et d'abonnements, etc.). Comme nous le verrons un peu plus loin dans ce même chapitre, on parle aussi de « *metadata* » pour décrire les champs et leurs valeurs.

Parmi les algorithmes implicites, citons également les algorithmes d'apprentissage sur réseau neuronal. Ceux-ci apprennent sur un ensemble de données (toujours dites d'« apprentissage ») représentant la situation ou le phénomène à simuler et sur lequel prendre une décision dans le but de répondre à une question ou de résoudre un problème. Ce réseau neuronal, appelé également réseau « de neurones artificiels », représente le résultat de l'apprentissage. À chaque neurone artificiel est associé un poids statistique qui est obtenu par optimisation ou par rétropropagation de la réponse à travers le réseau qui contient, entre les neurones, des fibres qu'on peut par figuration associer aux axones d'un système neuronal biologique. Il existe de nombreux types de réseaux neuronaux, parfois à plusieurs couches[1] permettant d'augmenter le niveau d'abstraction de la description de la logique sous-jacente au problème à résoudre. Comme dans le cas des algorithmes d'apprentissage statistique, les données d'apprentissage sur réseau neuronal sont structurées et labellisées. Elles possèdent la réponse au problème à résoudre et à simuler au sein du réseau neuronal. Par exemple, un algorithme peut être entraîné sur un ensemble de photos contenant ou pas un chien dans le but de reconnaître avec précision la présence d'un chien sur une photo nouvellement présentée et qui ne fait pas partie de l'ensemble d'entraînement. Chaque photo (data) contient entre autres la réponse *true* ou *false*[2] sur la présence d'un chien.

Que ce soit dans les algorithmes d'apprentissage statistique ou d'apprentissage sur réseau neuronal, ces algorithmes présentent l'énorme avantage de modéliser et simuler un phénomène ou une situation

1. Yann Le Cun, *Quand la machine apprend*, Odile Jacob, 2019.
2. Vrai (*true*) ou faux (*false*).

que l'on a du mal à mathématiser et à objectiver. Toujours dans le cas de la détection d'un chien sur une image, on peut difficilement établir des règles logiques explicites de ce qu'est un chien et de ce qu'il n'est pas. On risque d'écarter les chiens qui n'ont qu'une oreille ou sans poil, ou encore de confondre les chiens et les renards. L'apprentissage algorithmique permet alors, par son niveau d'abstraction élevé, de lever les barrières mathématiques et de la logique objectivée. Cela étant dit, ces algorithmes ne sont pas entièrement explicables dans la mesure où les règles de résolution du problème en question restent implicites. En revanche, on peut par des tests sur les résultats et à partir du type de labellisation expliquer et interpréter en partie le fonctionnement de l'algorithme et comment ce dernier a été entraîné. Comme nous le verrons dans le chapitre 3.

Implicites *versus* explicites : cela peut sembler schématique, mais malgré les apparences, le monde des algorithmes n'est pas totalement binaire, bien au contraire. On peut en effet concevoir des modèles dits « hybrides » qui contiennent une composante explicite et une composante implicite. Je pense même qu'il est fondamental de concevoir un mélange intelligent de ces deux composantes afin d'augmenter le niveau d'explicabilité des modèles tout en tirant les bénéfices de leur abstraction. Par ce plus haut niveau d'explicabilité, on peut également utiliser les simulations comme un moyen de comprendre des mécanismes sous-jacents au phénomène modélisé.

Vous l'avez compris, le type d'algorithme retenu dépend entre autres du type de problème à résoudre, de la précision recherchée, ou encore des connaissances « mathématisables » et « objectivables » que nous possédons sur le phénomène à modéliser et à simuler. Dans ces deux grandes familles d'algorithmes, les données sont fondamentales que ce soit dans la calibration de l'algorithme explicite ou pour l'entraînement de l'algorithme implicite. Il est alors nécessaire de comprendre ce que sont ces fameuses données, leurs formes et la manière de les utiliser. C'est également un premier pas pour comprendre leur potentiel, leurs limites et les recherches actuelles.

Les données non structurées *versus* structurées

« Data » : ce mot est sur toutes les lèvres. Son rôle dans bon nombre de scandales liés à des applications numériques est grand. En toute bienveillance et quand le moment m'y invite, je m'amuse à demander aux gens ce qu'est la data. Quasi systématiquement, on m'expose des exemples de données pour m'en présenter une définition supposée générale. « Mon profil sur Facebook », « mes déplacements en Uber », « mes achats en ligne » ou encore « mes lectures sur le site du journal *Le Monde* » sont des exemples concrets mais symptomatiques de notre vision commune de la data. Ces choses qui nous décrivent et qui permettent *a posteriori* de mieux nous connaître et nous cibler, pour nous vendre plus de choses, nous proposer plus d'amis, nous suggérer plus de contenus à consommer… en d'autres termes nous commander voire nous manipuler.

La réalité est bien évidemment moins dramatique et avouons-le plus intéressante. La data est l'ensemble des informations qui décrivent quantitativement ou qualitativement une entité, un individu, une situation, un phénomène ou encore une personne morale. Cette information n'est pas systématiquement actrice du pire. La température sur le territoire, le trafic sur les autoroutes, le nombre de cas de gastro-entérites ou encore le nombre de locations de vacances réservées en montagne sont des données mesurables et collectées pour mieux évaluer la situation présente et en déduire des anticipations futures. Le taux de globules blancs, l'indice de masse corporelle ou encore la tension sont quant à elles des informations collectées directement ou indirectement sur un patient pour évaluer son état de santé et permettre au médecin d'agir en conséquence. Maintenant que nous nous accordons sur d'autres exemples de data bien loin de toute idée diabolique de manipulation, intéressons-nous à présent à sa définition scientifique et technique dans la forme qu'elle peut prendre.

Parmi les données, on distingue par exemple les données structurées des données non structurées. Une donnée non structurée est bien souvent celle capturée sans aucun traitement : une photo de famille, un e-mail, une bande-annonce de film, une chanson ou une lettre manuscrite. Elles ont une forme brute, sans structure apparente, qui empêche toute exploitation « mathématique » ou « logique » évidente par un algorithme. Bien souvent, on structure cette information pour qu'elle puisse être utilisée au sein d'un ensemble de calibration ou d'entraînement à destination d'un algorithme explicite ou implicite, respectivement.

Prenons l'exemple de l'e-mail. Un e-mail est une data que l'on peut structurer en définissant ce qu'on nomme des « *metadata* ». Ces *metadata* sont l'ensemble des data qui définissent la data objet principal qu'est l'e-mail. Un e-mail peut être décrit par des *metadata* telles que le nom de l'expéditeur, celui du premier destinataire, la date d'envoi, le sujet ou encore par le sentiment contenu dans le corps du texte. En effet, des algorithmes d'analyse sémantique permettent d'extraire un sentiment (neutre, positif ou négatif) d'un texte. Ces algorithmes sont bien souvent entraînés sur des dizaines de milliers de textes dont on définit *a priori* le sentiment par une analyse manuelle. Cet e-mail aurait pu également être décrit par la liste complète des destinataires, le nombre d'échanges ou encore le temps moyen séparant les réponses. Il n'existe pas de manière unique de structurer une même data, le choix est alors stratégique et parfois pragmatique quand on sait que cette étape de structuration prend du temps. À partir de la structuration de cet e-mail, et donc de l'ensemble des *metadata*, on pourrait entraîner un algorithme implicite d'apprentissage pour détecter les signaux faibles de cas de harcèlement ou de burn-out, par exemple[1]. Cette structuration

1. Un exemple inventé ici pour l'exercice d'explication et de compréhension.

contient également l'étape de labellisation, qui est une étape importante de la création d'un échantillon de données d'apprentissage. Toujours dans le cas des e-mails, une *metadata* définissant si oui ou non ces échanges engagent une personne ayant en effet été victime de harcèlement ou de burn-out est alors créée. L'algorithme est ainsi entraîné sur un ensemble de données possédant des *metadata* descriptives qui incluent la réponse à la question que va devoir fournir l'algorithme une fois entraîné.

Cette structuration permet également d'expliquer une partie de la logique de fonctionnement de l'algorithme en étant dans la capacité d'affirmer sans ambiguïté ce sur quoi l'algorithme a appris. Même dans le cas d'algorithmes explicites, structurer une donnée permet de définir ce sur quoi l'algorithme calibre ses paramètres. On comprend alors très bien l'intérêt de définir correctement et précisément la data, car elle porte la logique des mécanismes sous-jacents de tout algorithme. Cela étant dit, de nombreuses recherches aujourd'hui conduites s'intéressent à entraîner des algorithmes sur des data non structurées et/ou non labellisées. On parle, par exemple, d'« apprentissage non supervisé ». Les avantages sont nombreux tant dans le niveau d'abstraction de la résolution en décrivant le phénomène *a priori* dans son entièreté en limitant entre autres les décisions (possiblement biaisées) de la part des concepteurs que dans le nombre de données d'apprentissage qui explose pour la simple et bonne raison qu'on n'a plus besoin de les traiter (de les structurer et de les labelliser). Mais n'allons pas trop vite, *There is no free lunch*. Cet objectif fort attirant et excitant présente quelques points de vigilance sur lesquels il est important de s'arrêter.

Tout d'abord, il sera beaucoup plus difficile dans le futur d'expliquer la logique d'un algorithme dans la mesure où on ne saura pas ce sur quoi il a été entraîné. De plus, même si les décisions humaines seront minimisées, il restera aux concepteurs le choix des données d'apprentissage qui peut enfermer des biais cognitifs menant à des biais algorithmiques pour finalement, dans la plupart des cas, engendrer ce qu'on nomme de la « discrimination technologique ». Arrêtons-nous un moment sur cette idée de discrimination technologique en prenant un exemple parlant : les algorithmes de reconnaissance faciale. Les premiers ne reconnaissaient pas les peaux noires, ce sûrement parce que les données d'apprentissage ne comportaient que des photos d'individus blancs. Un choix provenant d'un biais cognitif des développeurs, majoritairement (pour ne pas dire uniquement) blancs[1]. Attention, comme je l'écris dans mon livre *De l'autre côté de la Machine*, ce n'est pas *stricto sensu* la faute des développeurs, c'est de notre faute à tous, car nous faisons individuellement et collectivement partie de la chaîne de création et de propagation d'un biais algorithmique. Il y a ceux qui ont l'idée

1. Aux États-Unis, moins de 10 % des développeurs informatiques sont noirs (selon une étude de 2020 du National Center of Education Statistics).

de l'application, ceux qui en définissent les spécifications, ceux qui conçoivent l'algorithme, ceux qui le développent, ceux qui le testent, ceux qui le vendent et enfin ceux qui l'utilisent. On parle alors de « discrimination technologique » dans la mesure où un segment de la population (ici les Noirs) est écarté de l'usage d'un outil (ici le logiciel de reconnaissance faciale qui ne fonctionne pas sur eux). Dans le cas de données non structurées et non labellisées, si un cas de discrimination se présentait il serait alors plus difficile de souligner les origines du biais algorithmique associé et donc du biais cognitif dans les choix humains dont il résulte.

Je vous imagine déjà vous dire que ce n'est pas un problème, car les data seront, dans un futur même lointain, tellement nombreuses que l'humain n'aura même plus à les choisir. Malheureusement, c'est écarter l'idée que ces data seront toujours créées par nos usages et nos comportements possiblement biaisés. Nous n'utilisons jamais de manière identique les outils et les applications, et c'est tant mieux, le monde serait sinon d'un ennui sidéral. Dans ces méthodes d'apprentissage algorithmique du futur, les biais seront encore davantage cachés et donc pervasifs dans leurs conséquences, et donc difficilement capturables et réparables. Je n'écris pas que ce sera impossible d'expliquer ces prochaines générations d'algorithmes, mais beaucoup plus difficile. Il faut dès aujourd'hui développer des bonnes pratiques de développement et des méthodes d'explication et d'interprétation des algorithmes, pour garantir le principe d'équité cher à nos sociétés.

Les récents scandales qui enferment et déforment la réalité

L'affaire Cambridge Analytica de Facebook, l'algorithme de recrutement d'Amazon, l'application Apple Card ou encore l'algorithme de tag de photos de Google ne sont que quelques exemples de la (trop longue) liste de scandales qui ont secoué ces dernières années. Sans revenir sur chaque cas, on admettra qu'un dénominateur commun se retrouve dans chacune de ces affaires. Un seul coupable est mis en avant, violemment attaqué et condamné sans aucun procès et donc aucune recherche d'intelligibilité des faits. Je parle bien évidemment de l'algorithme, de cette entité mathématique et informatique sans cœur et sans âme, qui pourtant assume tous les maux du monde sans aucun pouvoir, ou droit, de réponse. Si j'ai longuement exploré ce sujet dans mon précédent ouvrage, le sujet du livre présent impose de le redire : l'algorithme n'est pas coupable pour la simple et bonne raison qu'il n'est ni une personne physique ni une personne morale, et que ce sont bien des hommes et des femmes qui décident de l'usage, de l'implémentation et des effets qui en résultent, et qui sont donc les seuls responsables.

En 2020, un panneau « *Fuck the Algorithms!* », brandi par des étudiants britanniques révoltés par l'usage d'un algorithme évaluant automatiquement leurs notes de fin du secondaire, traduisait très justement le décalage profond entre réalité et fantasmes.

Qu'on s'entende, je ne remets aucunement en cause la colère et la révolte des gens face à tant d'injustice prétendument mathématisée. Au contraire, je la comprends et la défends. Mais je n'adhère pas au cheminement intellectuel et émotionnel qui tend à viser systématiquement l'algorithme comme le coupable du crime dont on l'accuse. Cela empêche de capturer le vrai coupable et d'en faire son procès. Cela empêche alors de trouver des solutions concrètes et efficaces. La réalité est déformée tant chez les citoyens que chez nos décideurs politiques qui ne se privent pas de parler d'algorithmes « racistes » ou « sexistes ». Discuter inlassablement de réguler les algorithmes, c'est ne pas comprendre le fonctionnement même d'un algorithme et de la data sur lequel il est entraîné ou calibré.

Les algorithmes transforment directement ou indirectement la loi, son interprétation et la manière de l'appliquer. Comprendre leur fonctionnement et leur irresponsabilité est un pas important pour légiférer autour de ces entités qui nous aident à nous déplacer, à travailler, à nous soigner ou encore à travailler. Entrons à présent ensemble dans l'histoire de la loi au temps des algorithmes.

Chapitre 2

Les lois au temps des algorithmes

On n'a bien évidemment pas attendu l'arrivée des algorithmes computationnels dans nos vies courantes pour légiférer sur la protection des individus en regard de l'informatique. La France a même été pionnière dans la démarche en votant, en 1978, la loi Informatique et Libertés, destinée à protéger les données personnelles des citoyens stockées dans des fichiers informatiques. Reprise en 1995 pour l'élargir aux données transportées[1] (notamment en raison de l'apparition d'Internet et du *cloud*), cette loi constitue une des briques fondatrices du texte européen de protection des données à caractère personnel, le fameux RGPD. Même si on ne parlait pas encore d'algorithmes en 1978, ce texte et ceux qui suivent permettent encore aujourd'hui de contribuer à l'encadrement nécessaire des pratiques algorithmiques. Rappelez-vous, les algorithmes sont calibrés, entraînés et fonctionnent grâce à de la

1. Pour expliquer simplement : les données sont transportées d'un ordinateur à un autre, d'un serveur à un autre, ou encore d'un outil comme une montre connectée à un serveur.

data. Ces data peuvent être à caractère personnel ou non personnel, je reviendrai sur cette notion un peu plus tard. Au vu des enjeux algorithmiques d'aujourd'hui, qu'ils soient humains, sociétaux ou encore économiques, on saisit plus encore l'importance de ces textes.

À la base de toute construction d'une loi se pose la question de la formulation du problème sur lequel légiférer. Cette formulation doit être claire, correctement exprimée et considérer l'ensemble du cadre d'application du texte législatif à concevoir. Au temps des algorithmes computationnels, cette formulation devient moins évidente en raison du manque de connaissance de la discipline par les législateurs, mais aussi du plus faible niveau d'intelligibilité du sujet, la science algorithmique. Partons ensemble à la découverte de l'importance de cette formulation au temps des algorithmes.

L'importance de la formulation du problème

Nous pouvons tous nous entendre pour dire que, la plupart du temps, il est fondamental d'exprimer correctement un problème ou une question pour espérer y répondre efficacement, c'est-à-dire correctement et aussi rapidement que possible. Saisir le problème dans sa complexité et ses variantes permet d'y apporter une solution durable et anticipatrice. En effet, un problème énoncé aujourd'hui peut évoluer dans le temps selon les changements technologiques, sociaux et économiques, ou encore environnementaux. En cela, développer une certaine clairvoyance sur le sujet est nécessaire afin de rendre ses contours mobiles au cours du temps.

Pour comprendre l'importance de la formulation d'un problème, prenons le cas de la genèse de la loi Informatique et Libertés. En 1978, cela fait déjà plusieurs années que le ministère de l'Intérieur collecte et stocke des informations individuelles sur les citoyens. À cette époque, les bandes magnétiques remplacent les cartes perforées[1], ce qui permet de centraliser massivement l'information sur les citoyens identifiés par leur numéro de Sécurité sociale, par exemple. En réalité, dès 1974, le programme de grande envergure nommé Safari, pour « Système automatisé pour les fichiers administratifs et le répertoire des individus », envisage de relier informatiquement l'ensemble des fichiers administratifs individuels des citoyens. De ce projet fortement controversé est née une réflexion sur l'élaboration d'une loi pour protéger les informations citoyennes. En réponse à ces débats et discussions apparaît en 1977 la loi Informatique et Libertés, qui sera mise en application un an plus tard.

On observe ici que c'est par un changement de comportement des autorités en réaction aux évolutions technologiques de l'époque que des mesures sont prises pour protéger les informations numérisées des citoyens. Le problème a été correctement

1. Les cartes perforées sont utilisées dans les premiers ordinateurs pour traduire la logique d'exécution à transmettre à la Machine.

décrit en évoquant d'une part l'informatisation plus facile et massive des données citoyennes afin de lutter contre le fichage des individus, et d'autre part la protection plus générale à l'égard de l'informatique. Par cette distinction, l'action de ficher un individu, qui soulève des questions indépendantes de l'informatique, a été adroitement mise face à une informatisation moderne indéniable, reconnue et comprise par tous. De ce problème correctement exprimé, répondant à l'affaire Safari, est également née la Cnil (Commission nationale de l'informatique et des libertés), qui n'a jamais été aussi utile qu'aujourd'hui. Je regrette que la Cnil soit paradoxalement une héroïne méconnue du grand public. Trop souvent attaquée par les dirigeants politiques et économiques, qui la jugent trop contraignante voire agaçante, elle est en réalité une institution fondamentale qui garantit la protection des citoyens et de leurs données dans ce monde toujours plus informatisé.

Il aura fallu moins de trois ans entre la mise en évidence du problème, sa formulation, l'écriture, les discussions et le vote de la loi. Mais alors, pourquoi une loi qui encadre les algorithmes et surtout des discussions concrètes entre législateurs tardent-elles à venir ? Pour le comprendre, revenons à notre présent, celui des algorithmes computationnels.

Plusieurs points sont ici à mettre en exergue afin de saisir la plus grande difficulté à laquelle nous devons faire face pour tenter de légiférer ou de débattre sur ce sujet.

Tout d'abord la confusion citoyenne qui règne dans le monde des algorithmes est bien réelle. Alors que nous devrions tous être des habitants éclairés et intégrés dans le pays des algorithmes, nous n'en sommes que des touristes mal renseignés, sans véritable accès ou carte pour en comprendre les reliefs et les secrets. Même si le terme « algorithme » a vu sa popularité lexicographique exploser ces dernières années, en particulier dans les médias, il reste encore un inconnu pour beaucoup d'entre nous qui interagissons pourtant quotidiennement avec cette entité mathématique et numérique. Nos dirigeants politiques et nos parlementaires ne font pas exception. Il existe bien sûr des cas particuliers et des contre-exemples, mais la tendance reste celle-ci : nous sommes encore trop peu à comprendre cette science. Alors que les mots « informatique » et « données » font partie du langage courant, le mot « algorithme » demeure somme toute un terme exotique. De plus, le caractère fortement abstrait d'un algorithme rend toute explication et tout déchiffrement d'une actualité le concernant plus fragile et complexe à saisir, et donc plus laborieux à traduire de manière intelligible. Enfin, l'accélération des innovations scientifiques dans cette discipline renforce ce sentiment de perte de contrôle et cette incapacité à appréhender la science algorithmique dans sa substantifique moelle. Certains d'entre vous peuvent penser que l'informatique a également évolué et que nous avons néanmoins réussi à nous adapter. Mais c'est écarter l'idée que ces mutations technologiques ont été réalisées sur des temps plus longs avec des applications pratiques dans la vie courante évidentes et compréhensibles pour l'usager que nous sommes.

J'étais trop jeune pour avoir vécu l'expérience, mais je rencontre très souvent des personnes (vous l'avez compris, plus âgées) qui me parlent avec précision du passage des cartes perforées aux bandes magnétiques. Quant à l'arrivée d'Internet et des informations transportées, ma génération et celles qui ont précédé en ont fait l'expérience. Même les données, pourtant abstraites en réalité, sont justement identifiées par les citoyens. À défaut d'en donner une définition précise voire mathématique, nous sommes tous capables de fournir des exemples, tels que notre nom, notre âge, une photo sur notre compte Instagram ou encore notre fichier médical.

Cette absence de maîtrise de la science algorithmique a pour conséquence d'approximer voire de fausser la formulation du problème à résoudre, qui porte en pratique sur la protection des libertés individuelles face aux algorithmes. Une mauvaise formulation qui fait prendre le risque d'imaginer et de concevoir maladroitement la loi.

Tout d'abord, la question principale que j'ai souvent lue ou entendue, censée affronter le problème à aborder : *Comment réguler les algorithmes ?* Cette question *a priori* simple implique en réalité une assimilation déformée des mécanismes logiques et organisationnels des algorithmes. Prenons le temps d'analyser en profondeur cette question. La présence de l'adverbe *Comment* suggère la véracité de la proposition qui suit, à savoir *réguler les algorithmes*. Et pourtant, il est impossible de réguler un algorithme pour la simple et bonne raison qu'il est impossible de l'évaluer entièrement. On parle aussi d'« auditer » un algorithme. Rappelez-vous, dans le chapitre précédent, nous avons vu ensemble qu'il existait différents types d'algorithmes, que je qualifie d'« explicites » et « implicites ». Alors qu'on peut tout à fait imaginer auditer (quasi) entièrement la ou les composantes explicites d'un algorithme, il est beaucoup difficile, voire impossible, de le réaliser sur les composantes implicites. Même si on connaît les ensembles de données d'entraînement incluant le type, leurs sources et leurs labellisation et structuration, on ne connaît jamais précisément les mécanismes logiques organisationnels de fonctionnement de l'algorithme finalement entraîné. Ce qui est encore plus vrai dans le cas d'un apprentissage sur réseau neuronal à plusieurs couches, pour lequel les invariants sont distinctement inextricables. Nous verrons un peu plus loin que la bonne question se rapprocherait plus de *Comment réguler les pratiques algorithmiques ?* Ce qui inclut autant le développement des modèles que les tests et les usages.

Au-delà de cette première question centrale, on retrouve également souvent des énoncés et des questions plus ciblées, mais tout aussi faussées, sur le sujet des algorithmes. *Pourquoi les algorithmes sont-ils sexistes ? Comment combattre les algorithmes racistes ?* ou encore *Comment faire confiance aux algorithmes ?* sont autant de propos fondamentalement incorrects que des référentiels de pensée qui nous éloignent du chemin intellectuel nécessaire à la résolution du problème. Les sources sont beaucoup trop nombreuses pour les lister de manière exhaustive ou en présenter des cas symptomatiques. Mais une simple recherche d'actualités, dans un moteur de votre choix, des termes *Algorithmes sexistes et racistes* vous permettra de prendre conscience de l'ampleur du problème... et des erreurs de jugement qui vont avec. Pour ceux qui sont déjà passés *derrière la Machine*, vous savez que l'algorithme n'est pas responsable des actes dont on l'accuse, car il n'est ni une personne morale ni une personne physique. Les seuls responsables sont nous, des concepteurs aux managers, marketeurs, utilisateurs de ces algorithmes qu'on nourrit quotidiennement de nos données souvent biaisées, parfois discriminatoires et systématiquement culturellement induites. Le comprendre et l'accepter est un pas décisif vers une bonne formulation du problème à résoudre et de la législation à construire. Sans quoi on se retrouve facilement dans une impasse où l'indignation passionnée et la colère dépassent tout raisonnement habilement articulé pourtant inéluctable. Cela n'est pas sans vous rappeler l'exemple présenté au chapitre précédent d'étudiants britanniques se révoltant, à raison, contre l'évaluation automatique et algorithmique de leurs scores d'examen final de leurs études secondaires. Mais brandir la fameuse pancarte qui a fait le tour du monde et sur laquelle on peut lire « *Fuck the Algorithms!* » ne fait que détourner dangereusement notre attention des vrais coupables : les concepteurs, les directeurs de lycée ou encore le secrétaire d'État à l'Éducation du Royaume-Uni. Plus simplement, toutes les personnes qui ont pensé, construit et décidé du développement et de l'utilisation de cet algorithme.

Le problème à résoudre n'est pas simple. Heureusement pour nous, un texte voit officiellement le jour en 2018, le RGPD. Statuant sur la protection des données à caractère personnel, il est une brique essentielle de la construction législative autour des algorithmes. Car, comme vous l'avez compris, sans data il n'y a pas d'algorithme. Les algorithmes ont besoin de données sur lesquelles être calibrés dans le cas des modèles explicites, ou entraînés dans le cas des modèles implicites.

Le RGPD et ses successeurs

En tant que citoyenne européenne, le RGPD est sûrement l'œuvre de l'Union dont je suis la plus fière avec la Convention européenne des droits de l'Homme. À la différence de la Déclaration universelle des droits de l'Homme, à la portée uniquement morale (même si elle est fondamentale), la Convention européenne des droits de l'Homme est un texte légal pouvant être invoqué à tout moment par un citoyen de l'Union pour se défendre. La différence est importante et révèle la posture légale et humaniste de l'Europe. C'est ce positionnement particulier qui amène la Commission européenne à réfléchir dès 2012 à une réforme des textes de protection des données à caractère personnel. Une ambition qui a fait sourire certains qui ne voyaient qu'un simple acte réactionnaire contre le développement d'une économie libre. Et pourtant, la situation actuelle nous prouve aujourd'hui le contraire. Le RGPD ne nous empêche pas de collecter de la data, comme je peux souvent l'entendre, mais, au contraire, l'autorise en l'encadrant. En ce sens, le RGPD contient de nombreux articles portant, entre autres, sur le principe de neutralité, la portabilité des data pour faciliter le changement de fournisseur, le droit à l'oubli, le profilage ou encore l'analyse d'impact.

En pratique, le RGPD permet, par une protection des données à caractère personnel, d'assurer une relation de confiance entre les citoyens des vingt-sept États de l'Union afin qu'ils acceptent, en toute transparence et selon des règles strictes de collecte et d'usage, qu'on utilise leurs données à des fins commerciales, dans le cadre de travaux de recherche ou encore d'études statistiques, par exemple. La confiance par la loi – l'un de nos nombreux héritages gréco-romains – se concrétise ici par l'acceptation des conditions générales d'utilisation qui agacent bon nombre d'entre nous par leur longueur mais aussi par leur inintelligibilité. Pourtant, ces conditions « en conformité avec le RGPD » vont dans le sens de la protection des citoyens européens, le RGPD agissant ici comme notre avocat à tous, censé défendre nos droits. On est rarement amenés à lire en détail et à comprendre chaque ligne d'un contrat légal pour la simple et bonne raison qu'il suit un jargon et des mécanismes de raisonnement que seul un avocat ou un juriste peut assimiler. Dans le cas du RGPD, il faut l'envisager comme un avocat qui nous représente, qui relit, édite voire traduit pour nous les termes du contrat et ce que cela implique dans l'exercice de nos droits. Certes, les conditions générales ne sont pas relues par un membre de la Commission européenne, mais elles sont dans l'obligation d'être conformes aux exigences du texte européen. Dans le cas contraire, l'organisation à l'origine de ces conditions risque gros, comme de lourdes amendes allant jusqu'à 4 % du chiffre d'affaires. En cas d'abus, de malveillance ou tout simplement d'un manque de vigilance de la part de l'organisation, le RGPD est notre meilleure défense. Pour ma part, j'accepte très facilement les conditions d'utilisations conformes au RGPD, à l'instar du contrat d'édition qui a précédé l'écriture de ce livre et que mon avocate a sagement et rigoureusement revu. Je fais confiance au RGPD comme je fais confiance à mon avocate pour me défendre.

La protection des données personnelles par le RGPD induit un droit encore trop peu souvent évoqué : la libre circulation de la data au sein des pays de l'Union. Ce déplacement autorisé des données par une harmonisation législative des États constitue un avantage compétitif et économique fondamental pour l'Europe. Encore plus quand on sait que pour « entraîner » un algorithme on a très souvent besoin de grandes quantités de données diversifiées (sous-entendue de différentes sources[1]). L'Union est

1. On collecte des données par différents moyens et par des sources différentes. Par exemple, dans le cas de suggestion de contenus commerciaux sur un site internet pour un utilisateur donné, on peut aller chercher des données sur le réseau social par lequel l'utilisateur s'est inscrit, questionner directement la personne ou encore ses usages du site internet.

capable de fournir ce genre d'échantillons importants de données, alors que la France « en indépendante » peut rencontrer des obstacles liés à sa taille et à sa force de frappe. Cette libre circulation induit également la mise en commun et la conception collaborative d'outils, d'applications ou encore de systèmes de stockage de type *cloud*, comme le projet *Gaia-X*. Encore aujourd'hui, je regrette que chaque pays de l'Union ait développé sa propre application pour suivre et alerter les individus d'un contact avec le virus du Covid[1]. Cela traduit selon moi un échec de l'application du RGPD et du paradigme européen qui l'accompagne.

Le RGPD fut le marqueur d'une véritable révolution sociale et économique, au point d'inspirer d'autres pays pour concevoir leur propre législation sur les données à caractère personnel, comme les États-Unis et en particulier l'État de Californie, qui adopte en 2018 le CCPA (California Consumer Privacy Act), mis en application le 1er janvier 2020. Vous remarquerez que le mot *Consumer* et non *Citizen* ou *Individual* est ici utilisé et marque la première différence entre les deux textes. Alors que le CCPA et le RGPD ont tous les deux l'objectif commun de permettre aux individus de maîtriser leurs données à l'ère numérique par une protection législative, ils ont des paradigmes différents. Le RGPD protège la donnée en tant que composante de la vie privée de l'individu, pendant que le

1. Comme l'application StopCovid, ensuite renommée TousAntiCovid.

CCPA protège le consommateur au sein du système économique. Cette différence est avant tout culturelle : le citoyen américain navigue dans un système économique alors que l'on privilégie la protection morale du citoyen français. L'applicabilité du CCPA est également beaucoup plus pragmatique à l'égard des entreprises, en visant de manière exclusive celles aux revenus bruts annuels supérieurs à 25 millions de dollars, qui vendent ou qui achètent les données personnelles d'au moins 50 000 consommateurs, ou qui tirent au moins 50 % de leurs revenus annuels de la vente de données personnelles. Cela étant dit, les entreprises sont passibles d'une amende – ridicule – de 2 500 dollars par violation ou 7 500 dollars en cas de violation intentionnelle du CCPA[1], contre 20 millions d'euros ou 4 % du chiffre d'affaires annuel de l'entreprise selon le RGPD. Tout laisse penser qu'un certain lobby industriel et déséquilibré s'est installé au pays de l'Oncle Sam... Je reviendrai sur ce point un peu plus loin. Enfin, contrairement à son homologue européen, le texte californien autorise et encadre la marchandisation ainsi que la monétisation des données personnelles. Par la marchandisation de ses données, le consommateur reçoit de l'argent, alors que par leur monétisation il reçoit un service « gratuit ». Les deux textes reconnaissent et autorisent les entreprises à utiliser des modèles économiques fondés sur l'exploitation de données à caractère personnel, ce même modèle que l'on observe au sein de nombreuses organisations

1. Ces amendes se cumulent dans le cas de plusieurs violations.

via le développement de publicités ciblées ou encore la suggestion de services payants. C'est le cas de quasiment toutes les applications (en apparence) gratuites que nous utilisons, telles que Twitter, Instagram, Google, Snapchat, TikTok…

Il est intéressant de noter que si le CCPA a été voté dans l'État de Californie, il pourrait bientôt s'étendre à l'ensemble des États-Unis. En septembre 2019, une cinquantaine de grandes entreprises américaines ont ainsi demandé au Congrès de créer un cadre de confiance en adoptant une loi fédérale sur la protection des données à caractère personnel. Cette potentielle évolution américaine est encourageante, cependant il demeure difficile d'imaginer un texte comme le RGPD être adopté par un pays comme la Chine, où la question de la protection des données des citoyens par la loi est plus que complexe. Je n'aborderai pas le cas de la Chine dans ce livre, car je préfère me concentrer, sans aucun ethnocentrisme de ma part, sur la construction d'une législation dans un pays où les libertés individuelles sont protégées.

Le RGPD est bien évidemment à parfaire et la mise en miroir avec les textes qu'il a inspirés, tels que le CCPA, permet de penser quelques points d'amélioration possibles, notamment à l'égard des types d'entreprises soumises à son application. Aujourd'hui, que l'on s'appelle Google ou DPEEX[1],

1. Une *deeptech startup* dans le domaine médical et algorithmique, que j'ai cofondée avec Dr Philippe Benillouche, le Dr Gregory Ramicaneau et Annette Massey, en 2021.

on est soumis quasiment aux mêmes exigences organisationnelles et structurelles selon la loi, ce qui semble *a priori* contre-productif, considérant deux choses : le géant technique a un pouvoir néfaste plus important lié à sa taille, et une plus grande capacité à être conforme rapidement à la législation par son budget incomparable à celui des petites entreprises qui peuvent avoir plus de difficultés à s'aligner rapidement avec la loi. Le RGPD souhaite, à raison, rétablir un certain équilibre dans la dissymétrie grandissante des relations entre les gros acteurs et les citoyens. Cela étant dit, on comprend qu'il serait plus pertinent d'appliquer de manière relative le RGPD aux entreprises en fonction de certains critères économiques comme le nombre de leurs employés ou leur chiffre d'affaires, et de leur type de modèle de revenus. Il existe déjà des différences de considération soulignées dans les articles 25 et 32 du RGPD, comme la non-obligation d'un registre de traitement des données[1] pour les entreprises de moins de 250 employés – sauf dans le cas des données dites « sensibles » comme les données médicales –, ou encore en se référant au coût de mise en œuvre qui suppose que l'entreprise doit avoir la capacité à se mettre en conformité en fonction de ses ressources. Des déclarations et des exigences relativement vagues en comparaison au CCPA. Force est de reconnaître un manque de flexibilité dans l'application du RGPD selon le

---

1. Un registre rassemblant les traitements réalisés sur les données ainsi que l'objectif ou les objectifs de ces traitements.

type d'entreprises peut-être en lien avec le principe d'équité face à la loi, qui peut contredire un principe pourtant inscrit dans la Constitution française : le droit d'entreprendre. Même si mon raisonnement peut paraître tiré par les cheveux, on peut dire qu'appliquer le RGPD à toutes les entreprises peut nuire au principe d'entreprendre en ralentissant les plus petites sociétés dans leur croissance à cause des actions à réaliser mais aussi de l'argent à investir pour garantir la mise en conformité. Le RGPD, comme son nom l'indique, ne protège aujourd'hui que les données à caractère personnel. Or, la majorité des données sont à caractère non personnel, comme les données industrielles, et représentent un enjeu économique majeur. Une entreprise étrangère qui implante son usine en France récolte, à raison, des données sur les lignes de production pour optimiser sa productivité ou encore anticiper un événement particulier comme une surcharge ou un incident. Sur cette ligne, des individus travaillent avec des gestes et un savoir-faire, ou encore des décisions sur des modes opératoires sont prises par le gérant de l'usine. Ces données sont des informations précieuses sur le savoir-faire industriel d'un pays. Encore davantage quand il s'agit des métiers de l'artisanat et du luxe, où les connaissances et les traditions sont riches d'enseignement et précieuses pour un pays. Comme le soulignait le commissaire européen Thierry Breton[1] en février 2020, l'Europe

1. Chargé de la Politique industrielle, du Marché intérieur, du Numérique, de la Défense et de l'Espace.

peut gagner le marché des données à caractère non personnel en anticipant dès à présent sur la législation à construire.

Le RGPD a donc un bel avenir devant lui, et de nombreux autres textes largement inspirés verront très certainement le jour. En revanche, il présente aussi quelques déficiences, plus précisément les vides technologiques et autres ambiguïtés du texte – et aussi adepte que je puisse être du concept du « verre à moitié plein », il me faut les analyser plus finement pour pouvoir imaginer les faire évoluer dans la bonne direction.

Les vides technologiques et autres ambiguïtés

C'est en m'intéressant de près au RGPD que me vient l'idée de vide technologique pour exprimer un phénomène redondant à mes yeux : l'ambiguïté technologique de certains textes de loi. Je m'explique. Vous connaissez sûrement le terme de « vide juridique[1] », qui traduit pour un scénario précis l'absence de normes dans un texte de loi, voire l'absence de loi, ce qui empêche donc de légiférer sur le scénario en question. Il est normal de voir apparaître des vides juridiques avec le temps. C'est ainsi que la loi Informatique et Libertés puis le RGPD voient le jour en répondant à un besoin

1. Certains parlent également de « zone de non-droit », ou de « trous » dans la loi.

récent en lien avec des changements technologiques profonds apparus avec le temps. C'est par l'identification de ces vides qu'on peut faire évoluer la loi ou en créer d'autres. À la notion de vide juridique on peut également associer celle de flou juridique, qui n'est pas une absence de loi ou de considération de scénario strictement, mais davantage une ambiguïté qui rend l'article de loi difficilement applicable dans sa fonction première. L'analogie peut paraître osée, mais je parle de vides technologiques pour exprimer une ambiguïté ou l'absence d'une certaine grammaire technique qui empêcherait un article de loi d'être appliqué comme il a été originellement pensé. Je dis « osée », car chaque fois que je présente mon concept à des avocats, l'idée fait germer un doute chez eux. Ils m'expliquent ainsi l'importance de ne pas trop expliciter une loi afin qu'elle puisse s'adapter dans le temps grâce à l'interprétation et à l'appréciation qu'on en fait. En prenant en compte ce point, je leur expose en retour, à travers deux exemples liés au RGPD, comment une ambiguïté ou un manque de considération technique, bien loin de toute description relativement implicite nécessaire à l'exercice de la loi, peut au contraire engendrer l'effet inverse de celui recherché. Plongeons-nous ensemble dans ces exemples qui sont deux des principes du RGPD : le droit à l'oubli et le profilage.

Le droit à l'oubli est sûrement le principe le plus évoqué par les citoyens et les médias, car il matérialise à lui seul la maîtrise de nos données – le but même du RGPD – par leur effacement. À la fin du XXe siècle, le droit à l'oubli est conçu pour permettre le retrait d'informations individuelles sur Internet par l'effacement des informations en question ou par le déréférencement de la page. On parle aussi de « droit de déréférencement ». À l'ère analytique, le RGPD fournit une brique supplémentaire, qui dépasse le cadre d'Internet, en abordant la question de l'effacement des données stockées sur un serveur ou sur un simple disque dur d'ordinateur. Selon l'article 17 du règlement européen, une personne a le droit d'exiger, je cite, l'« effacement par ces responsables du traitement de tout lien vers ces données à caractère personnel, ou de toute copie ou reproduction de celles-ci ». Cette déclaration est judicieusement bien faite, car elle mentionne autant le lien vers la data sauvegardée (on parle également d'adresse mémoire) que toute copie de cette data (une data est systématiquement sauvegardée à plusieurs endroits[1]). Cela étant dit, elle oublie une chose importante que seule une personne qui sait comment est stockée une information maîtrise et peut penser : quand on sauvegarde une data sur un espace de stockage de type mémoire dure, par exemple, deux tâches s'exécutent en parallèle. Tout d'abord, la mémoire d'une taille suffisante au stockage de la nouvelle data, et initialement remplie[2], va voir son contenu

1. Comme dans le cas de copies miroirs qui assurent une sauvegarde des données en cas d'accidents comme la détérioration ou la perte. On parle aussi de *backup*, qui est un terme anglais couramment utilisé en français.

2. La mémoire de votre ordinateur est toujours remplie. Même quand votre ordinateur est neuf, la mémoire est remplie par les

écrasé par la data en question. De plus, l'adresse qui pointe vers la première case mémoire dans laquelle la data est concrètement stockée est également sauvegardée.

Dans la déclaration de l'article 17, on ne suppose nullement que la case mémoire doit être effacée mais bien « l'effacement [...] de tout lien vers ces données ». On efface bien le lien (donc l'adresse mémoire) mais pas le contenu de la mémoire. En d'autres termes, on n'écrase[1] pas le contenu des cases mémoires sollicitées. Écrit autrement, la data existe toujours même si vous ne pouvez pas y accéder en ayant effacé l'adresse mémoire. Cela étant dit, il n'est pas si difficile pour une personne (très) expérimentée de récupérer la donnée. La partie de l'article 17 mentionnant « toute copie ou reproduction de celles-ci » ne suffit pas. Repensant à ce que me disent les avocats, je comprends qu'on ne peut pas expliciter comment effacer une data en indiquant d'*écraser la mémoire* où la data est originellement stockée. La loi aurait du mal à s'adapter avec le temps et les futurs modes de stockage. En revanche, il serait judicieux d'ajouter, par exemple, « ou de toute autre forme de la data même inaccessible ». Ou quelque chose qui se rapproche (je laisse aux juristes le choix des mots). Après tout, si on vous demande de détruire l'accès à un document

---

choses déjà installées ou par des chiffres aléatoires, par exemple. La mémoire n'est jamais vide.

1. On utilise également souvent le terme anglais *overwrite* pour « écraser ».

top secret, et que vous décidez selon les termes du contrat de l'enfouir six pieds sous terre dans une dalle de béton, il y a de fortes chances que la destruction ne soit pas reconnue comme telle. Même inaccessible en principe, le document existe toujours. Pire, une personne suffisamment maligne saurait comment le récupérer, en cassant la dalle de béton avec un burin par exemple.

Parlons à présent de l'article 4 du règlement sur le profilage. Ce terme est certainement moins populaire que le droit à l'oubli et pourtant aussi important. Le profilage consiste à « prédire » le comportement d'une personne en analysant ses données. On l'associe souvent à une décision automatisée. On peut citer le calcul d'une ligne de crédit en fonction du profil du candidat, de son historique de prêts, ou encore de sa situation fiscale, mais aussi la création de publicité ciblée proposée à une personne à partir de l'analyse de ses données de profil statique (âge, genre, statut marital, profession, etc.) et de ses données comportementales sur le site en question. Ces données comportementales définissent le profil dynamique de la personne dans la mesure où elles évoluent avec le temps. Par exemple, en naviguant sur le site internet du magazine *Le Point*, vous cliquez sur des articles, restez plus ou moins longtemps sur certains contenus, postez éventuellement des commentaires, voire cliquez sur des liens commerciaux. Ces données de comportement sont des informations précieuses pour *Le Point*[1], qui vous suggère en retour du contenu éditorial plus ciblé pour (en théorie) augmenter votre niveau de satisfaction. La même logique s'applique sur un site de vente en ligne ou sur une application de vidéos ou de musique à la demande. Dans son livre *Weapons of Math Destruction*[2], la scientifique Cathy O'Neil donne de nombreux exemples concrets de profilage et de son utilisation « concrète », comme l'accès à un prêt, l'optimisation du recrutement, le suivi de la performance d'employés ou l'évaluation du coût d'une assurance. Si le terme « profilage » peut effrayer, c'est un outil intéressant pour orienter judicieusement les individus vers des contenus qu'ils recherchent. Même si je suis souvent déçue par les suggestions d'Amazon à la suite d'un achat, je suis en revanche systématiquement agréablement surprise par les films et les séries qui me sont suggérés sur Netflix.

Parmi les algorithmes de profilage, on trouve les algorithmes explicites fondés sur des structures conditionnelles clairement exprimées par les concepteurs, éventuellement en conformité avec les lois. Si l'utilisateur a moins de 18 ans, seuls des contenus vidéos convenables pour les mineurs (sans pornographie, par exemple) lui seront proposés. Si un lecteur du *Point* a lu un article politique sur le

1. Exemple imaginé dans la mesure où je ne connais pas les outils développés et/ou utilisés par les équipes du magazine *Le Point*.
2. Cathy O'Neil, *Algorithmes. La bombe à retardement*, Les Arènes, 2018, pour la version française.

Moyen-Orient, un article récent sur un sujet similaire du même journaliste peut lui être proposé. Aux algorithmes explicites s'ajoutent les algorithmes implicites de catégorisation, construits par apprentissage statistique sur des données de profils statique et dynamique. Un utilisateur appartenant à une catégorie se verra ainsi proposer des contenus que des personnes appartenant à la même catégorie ont consommé et aimé.

Même si d'ordinaire ces entités mathématiques facilitent nos interactions avec les applications numériques, tout n'est pas parfait dans le pays des algorithmes de profilage. En utilisant ces techniques de manière extrême ou à des fins controversées, on prend le risque de déformer la réalité au lieu de la révéler. On parle aussi d'« effet bulle », très bien résumé par Eli Pariser dans son livre *The Filter Bubble*[1]. L'idée est simple et terrifiante à la fois : en catégorisant implicitement à l'extrême, on crée des classes d'individus, aux frontières rigides, qui empêchent les personnes de passer d'une catégorie à une autre. En utilisant ces catégories comme des vecteurs uniques de mise à disposition de contenus, on tombe dans un effet bulle où notre vision du monde ne dépend que de la catégorie à laquelle on appartient. Manipulation des opinions politiques, polarisation des idées, biais de confirmation ou propagation accélérée de fausses nouvelles, les

1. Eli Pariser, *The Filter Bubble: How the New Personalized Web Is Changing What We Read and How We Think*, Penguin Books, 2011.

conséquences sont nombreuses. La scientifique Kate Crawford, dans son livre *Atlas of AI*[1], va même jusqu'à parler de cartographie sociale, politique et économique des peuples. Même si certaines applications comme Facebook permettent de désactiver la suggestion ciblée, j'ai toujours pensé qu'il fallait inventer un bouton que nous pourrions activer pour nous permettre de voir ce qu'une personne appartenant à une bulle diamétralement opposée à la nôtre voit. Techniquement, il est assez simple de développer ce bouton et le filtre qui va avec. Ainsi, chacun d'entre nous serait en mesure de réaliser le phénomène d'isolement social que ces outils génèrent en nous. Notre narcissisme et notre curiosité (parfois déplacée) que ces applications cultivent chez nous nous feront cliquer. Mais il n'est pas certain que le résultat ne nous bouleverse pas, car le spectre des opinions et des idées est large selon une distribution de catégories très polarisées et donc potentiellement perturbantes. Nous découvririons des individus défendant violemment que la Terre est plate, des suprématistes blancs décomplexés, ou encore des anti-vaccins enragés.

Le profilage doit être encadré par la loi, comme matérialisé par l'article 4 du RGPD. Mais beaucoup de points restent ambigus dans les obligations des acteurs sur les usages de ces techniques, voire sur les techniques elles-mêmes. Tout d'abord, seul le profilage intentionnel est considéré, c'est-à-dire un

1. Kate Crawford, *Atlas of AI: Power, Politics, and the Planetary Costs of Artificial Intelligence*, Yale University Press, 2021.

profilage dans lequel on définit clairement les éléments du profil collectés et traqués. En réalité, toutes les caractéristiques du profilage ne sont pas toujours décidées en amont et consciemment. Sans collecter le genre parmi les données du profil statique d'un consommateur d'un site de commerce en ligne, le calcul algorithmique peut l'interpréter par l'analyse de son profil dynamique implicite comme ses habitudes d'achat. Un autre exemple concerne l'ethnicité, qui, sans être demandée à l'utilisateur, peut être implicitement déduite par le code postal de son lieu de résidence, par exemple. Sans que le concepteur l'ait décidé, les algorithmes de catégorisation peuvent alors contenir des informations personnelles même implicites, initialement écartées de la stratégie de profilage. Dans le futur, les algorithmes vont s'améliorer en résolvant des problèmes de manière de plus en plus abstraite et éventuellement moins explicable. La perte d'explicabilité va rendre difficile aux acteurs qui conçoivent ces outils la tâche d'exprimer les mécanismes du profilage de leurs technologies. Cet aspect non intentionnel et implicite du profilage n'est pas suffisamment exprimé dans les textes existants.

Lorsque l'algorithme en charge du profilage engendre une décision automatique produisant des effets significatifs voire juridiques sur la personne, comme le calcul d'une ligne de crédit, l'acteur propriétaire de l'algorithme doit fournir, selon l'article 22 du RGPD, « des informations utiles concernant la logique sous-jacente, ainsi que l'importance et les conséquences prévues du traitement ». On comprend alors que la suggestion de publicité ciblée ou d'articles de presse n'engendre *a priori* aucune obligation d'information. Alors que les récents scandales de manipulation d'opinion à travers l'affaire Cambridge Analytica, ou les fausses nouvelles sur les traitements contre le Covid-19, démontrent à eux seuls la menace de tels algorithmes sur la démocratie.

Enfin, le profilage est également utilisé pour exécuter des algorithmes de captologie dont l'objectif, comme leur nom l'indique, est de capter notre attention en nous faisant utiliser davantage un outil ou une application. La suggestion de contenus à consommer tels qu'une série, un post ou une nouvelle collection de mode vestimentaire nous fait rester plus longtemps sur l'application en question, nous exposant à davantage de produits et à des publicités d'annonceurs qui financent en partie (voire uniquement) certains outils comme les réseaux sociaux. Dans ce cas, il n'y a pas de décision automatique qui résulte de ce profilage et qui impacte directement l'utilisateur, alors que ce dernier est clairement utilisé avec des effets possiblement controversés. Bruno Patino résume concrètement ces effets dans son livre *La Civilisation du poisson rouge*[1] : perte de concentration, addiction numérique et autres conséquences cognitives néfastes pour notre santé physique et mentale.

Pour être efficace et tenter de trouver une solution à cette ambiguïté légale, il faudrait exiger de la part

1. Bruno Patino, *La Civilisation du poisson rouge. Petit traité sur le marché de l'attention*, Grasset, 2019.

des acteurs techniques une étude d'impact propre au profilage[1], démontrant ainsi la non-discrimination de la méthode de *tracking* utilisée. Pour cela, on peut imaginer suivre le comportement des algorithmes en testant au fil du temps des profils synthétiques d'utilisateurs « types » projetés dans la catégorisation créée par l'algorithme. On analyse ensuite les contenus suggérés. La présence de contenus fortement polarisés par classe d'utilisateur peut être une alerte sur une possible origine algorithmique. Enfin, mesurer au cours du temps le taux de déplacement d'un profil type d'une catégorie à une autre peut être le signe d'une classification gelée propre à l'effet bulle. À défaut de pouvoir définir tous les mécanismes de ces algorithmes en amont, on devrait imposer aux acteurs la surveillance en temps quasi réel de ces outils. Dans le cas d'un « dysfonctionnement », l'acteur devrait réagir dans un temps raisonnable, en modifiant par exemple son algorithme ainsi que le poids accordé au résultat algorithmique dans la suggestion finale. Vous pourriez, à raison, me dire que la méthode utilisée pour « surveiller » ces algorithmes peut être elle-même biaisée. Mais c'est en cumulant les tests et les suivis de ces technologies que nous pouvons espérer tendre vers une analyse juste du comportement algorithmique.

1. À l'instar de l'étude d'impact exigée par l'article 35 du RGPD, sur la collecte et le traitement des données à caractère personnel.

L'écriture des textes de loi au temps des algorithmes

C'est à l'occasion de l'écriture de ce livre que je réalise ma maigre connaissance de la constitution des lois de notre pays. En pratique, un texte de loi est proposé par le gouvernement (on parle de « projet de loi ») ou par un ensemble de députés faisant partie ou pas de la majorité (on parle de « proposition de loi »). Quand le texte est finalement accepté, après de nombreux échanges et amendements parfois interminables, celui-ci est soumis au Sénat puis éventuellement revu par le Conseil constitutionnel. En revanche, et ce que je ne savais pas, la vie d'une loi commence bien avant son écriture et sa présentation à l'Hémicycle, et il est nécessaire d'en comprendre les tenants et les aboutissants pour saisir les changements intrinsèques à la régulation des sujets en lien avec l'algorithmique. Et éviter ainsi des erreurs préjudiciables à l'État, au pays et aux citoyens.

Les parlementaires et les représentants du gouvernement écrivent des articles de loi sur des sujets divers allant de l'agroalimentaire à la bioéthique, le nucléaire, les violences conjugales, le handicap ou encore aux données à caractère personnel. Vous imaginez bien que nos élus ne maîtrisent pas tous ces sujets. C'est pourquoi ils s'organisent publiquement, ou loin de tout enregistrement audiovisuel, pour interroger des experts ou des représentants des parties prenantes. Et ainsi récolter des informations pertinentes et idéalement correctes pour s'informer sur le sujet légiféré, dessiner un texte de loi cohérent, durable et sans aucun vide ou flou juridique. Ce travail de veille et de consultation fait également intervenir des lobbyistes, dont la mission est de représenter leur vision ou celle de leur client en espérant orienter, pour ne pas dire influencer, le législateur ou le décideur politique quand il s'agit d'une loi suggérée par le gouvernement. Parmi les lobbyistes on trouve les syndicats, les directeurs des relations publiques d'entreprises privées, des ONG[1], des associations culturelles, des *think tanks*, ou encore des individus dont certains sont des leaders d'opinion. L'activité de lobbyiste a souvent une connotation négative dans l'esprit de nombreux Français, jusqu'à l'associer à des pratiques de corruption, mais dans un monde idéal, le lobbyiste est un traducteur intelligible pour le législateur, qui peut alors interroger efficacement les avis des parties prenantes et s'éclairer sur des sujets complexes.

Pour revenir au RGPD, celui-ci possède des éléments techniques qui n'auraient jamais été imaginés par la Commission européenne seule. C'est grâce à des auditions, des consultations et des groupes de travail adroitement organisés que les quatre-vingt-dix-neuf articles, tous relativement pertinents, ont pu être formulés. Le choix de considérer les données médicales comme les plus sensibles, à l'instar

---

1. Organisation non gouvernementale.

de la loi Informatique et Libertés, a peut-être été conclu, à raison, par les actions de lobbyistes dont des experts qui ont d'une certaine manière sûrement contrebalancé le poids (fort) des industries de la santé. Enfin, quand on connaît les contraintes techniques de la portabilité des données, on ne peut que remercier les experts et associations qui ont travaillé dur pour l'imposer. Mais on sait également que les actions de certains lobbyistes ont eu dans le passé des effets contre-productifs voire dangereux.

En 2014, mon directeur de recherche au MIT, le Pr Raul Radovitzky, reçoit une demande d'un acteur pétrolier français. Il nous propose de financer un petit programme de recherche pour étudier mathématiquement et numériquement les effets de la fracturation hydraulique, aussi appelée *fracking*. Le *fracking* est le mécanisme de rupture de roches profondes pour extraire le gaz de schiste initialement enfermé. Un sujet très controversé en raison du risque de pollution des nappes phréatiques à cause des produits chimiques utilisés dans l'extraction de ce gaz, mais aussi du manque de connaissance sur les conséquences à long terme des changements morphologiques des couches profondes à la suite d'explosions répétées. À l'époque, nous étions l'un des quelques groupes dans le monde à avoir développé un code et des modèles algorithmiques capables de simuler à grande échelle et dynamiquement la fragmentation et le suivi des fissures au sein de matériaux fragiles dont la roche. La première réaction de Raul a été de demander à ce grand groupe pétrolier les raisons pour lesquelles il ne s'approchait pas des laboratoires français aussi efficaces que nous pour réaliser ces calculs. Leur réponse nous a étonnés : plusieurs pays européens, dont la France, venaient d'interdire toutes les activités, de près ou de loin, sur le *fracking*, dont, par association pour cet acteur pétrolier français, la recherche fait partie. Pour la première fois je compris que le lobbying pouvait manquer cruellement de pragmatisme. Je vous imagine, à raison, penser que la décision d'interdire toute activité en lien avec le *fracking* est une bonne chose, mais permettez-moi d'élaborer ma pensée dans les lignes qui vont suivre.

Tout d'abord, la France aurait dû distinguer les travaux d'exploitations industrielles de la recherche académique. En effet, même si on interdit une activité industrielle, il est intéressant de laisser les industriels conduire des travaux dans le but d'en comprendre les mécanismes et donc d'évaluer scientifiquement les risques. Je donne souvent l'exemple des armes autonomes. Même si je soutiens l'interdiction d'utilisation d'armes autonomes pour des raisons éthiques, je me demande s'il n'est pas crucial que les scientifiques de la défense de notre pays développent ce type d'outils, non pas pour les utiliser mais pour les comprendre. Une arme autonome capte en continu de l'information sur son environnement pour pouvoir exécuter des décisions en temps réel. On comprend alors que pour les intercepter, on peut envisager de les pirater en brouillant les données acquises et traitées. Construire une arme autonome pour apprendre à la pirater serait donc pertinent et stratégique. Revenons au *fracking*.

Nous avons beaucoup de choses à comprendre sur ces techniques, et la recherche peut nous y aider. Confirmer scientifiquement le mal est aussi important que prouver le bien d'une technologie, tant que cette recherche n'induit pas de menace significative bien évidemment. Après ces quelques lignes, vous pouvez considérer que la recherche expérimentale induirait des tests en conditions réelles et à grande échelle pouvant mener aux mêmes conséquences qu'une exploitation industrielle, même localement. Mais que penser des recherches mathématiques et numériques, qui n'utilisent qu'un crayon, une feuille de papier et un ordinateur ? Ces études ne provoquent aucun effet direct indésirable sur l'environnement. Ma réflexion n'est pas de statuer sur le fait que le *fracking* soit bon ou mauvais, mais de souligner parfois l'absence de cohérence et de logique dans un tel raisonnement.

Dans les conséquences potentiellement dangereuses de lobbyistes, on peut citer le cas des transplants médicaux largement débattus mais dont la régulation aujourd'hui mise en place a été démontrée, à la suite d'une refonte de la législation[1], comme défendant les intérêts industriels devant les intérêts du patient et du corps médical. Le « mauvais » lobby industriel a bien travaillé. Je pourrai écrire un chapitre entier sur le lobby tant le sujet est passionnant et intriguant, mais je me limiterai à encourager le lecteur à dévorer le livre du sociologue

1. « Recast of the medical devices directives », Commission européenne, 2008.

le Pr Guillaume Courty *Le Lobbying en France*[1]. Ce livre présente, sans aucun jugement de valeur et avec la rigueur scientifique attendue, l'état de l'art des lobbyistes incluant leurs méthodes et leurs réseaux, mais aussi les régulations qui encadrent leurs activités. Depuis la loi Sapin 2 et à l'instar de nombreux pays dont les États-Unis, en France les lobbyistes doivent s'enregistrer en conformité avec les règles de transparence.

Selon moi, il faut envisager les actions des lobbyistes comme nécessaires, sans quoi les textes de loi sont incompatibles avec les pratiques du terrain et déconnectées de la réalité économique, sociétale, industrielle, médicale ou encore scientifique. Cela étant dit, une précaution s'impose quand il s'agit de mesurer la pertinence de leurs actions et leurs effets. La transparence de leurs activités est donc fondamentale. Après ce détour introductif un peu long mais nécessaire, entrons à présent dans le vif du sujet : le lobby au temps des algorithmes.

Comme nous l'avons déjà souligné, la réflexion et la conception de lois pour l'encadrement des algorithmes sont fortement impactées par la discipline elle-même. Intangible, complexe, et en perpétuelle évolution, elle impose son rythme avec un certain flou artistique sur sa compréhension, chez les acteurs de la loi voire les lobbyistes eux-mêmes. Même si des scientifiques sont régulièrement

1. Guillaume Courty, *Le Lobbying en France. Invention et normalisation d'une pratique politique*, P.I.E-Peter Lang S.A., Éditions scientifiques internationales, 2017.

auditionnés publiquement à l'Assemblée nationale ou à la Commission européenne, les lobbyistes n'ont pour la plupart aucune formation scientifique et encore moins en algorithmique. Force est également de reconnaître que l'absence cruelle de scientifiques et d'ingénieurs dans les cabinets parlementaires et ministériels n'aide pas. Ce qui contraste avec le recrutement de professeurs et d'ingénieurs dans la nouvelle administration américaine en janvier 2021, dans laquelle le président Joe Biden élève le bureau scientifique et son directeur, le Pr Eric Lander du MIT, au cabinet présidentiel.

En France et en Europe, il existe des *think tanks* qui construisent des propositions concrètes en faisant travailler des scientifiques et des ingénieurs, comme l'Institut Montaigne avec son étude de 2020 sur la lutte contre les biais algorithmiques[1]. Mais cela ne suffit pas. Il y a encore trop de lobbyistes qui agissent à l'ombre de la sphère publique pour orienter l'opinion, avec des intentions controversées ou tout simplement en ne sachant pas de quoi ils parlent et ce qu'ils défendent. Il y a bien évidemment des lobbyistes représentant les intérêts d'acteurs technologiques importants, mais aussi des individus qui, pour des raisons qui m'échappent, imposent leur voix dans cette agitation médiatique des opinions. Je pense à cet avocat célèbre pour son jeu théâtral[2] qui joua un rôle dans l'adoption

1. « Algorithmes : contrôle des biais SVP », rapport mars 2020, Institut Montaigne.

2. Me Alain Bensoussan pour ne pas le citer.

par le Parlement européen en 2017 d'une résolution favorable à la nécessité de créer une personnalité juridique aux robots et donc de leur conférer des droits[1]. En temps normal, le Parlement européen n'aurait jamais dû porter attention à une idée aussi farfelue et soutenue par aucun scientifique ou juriste[2]. La liberté et la pluralité des opinions ne devraient pas empêcher de hiérarchiser les idées pour rejeter celles qui sont insensées. Les personnes du Parlement européen qui ont décidé de cette audition n'étaient clairement pas équipées pour évaluer scientifiquement la pertinence d'une personnalité juridique pour les robots. Cette idée de personnalité juridique des robots a d'ailleurs désormais disparu des derniers textes européens sur le sujet.

Il y a un net décalage sur les connaissances en algorithmique et en IA (intelligence artificielle) entre les scientifiques, les parlementaires et les lobbyistes de toute nature. Ce déséquilibre apporte des difficultés supplémentaires que même des domaines complexes, tels que la manipulation génétique, ne présentent pas, en raison de l'accélération technologique des développements en recherche algorithmique et leur translation rapide vers l'industrie,

---

1. Source : Parlement européen, « Résolution du Parlement européen du 16 février 2017 contenant des recommandations à la Commission concernant des règles de droit civil sur la robotique ».

2. « Intelligence artificielle : des experts se mobilisent contre la création d'une personnalité juridique pour les robots », Éditions Francis Lefebvre, 18 avril 2018. Interview de Georgie Courtois, avocat associé du cabinet De Gaulle Fleurance & Associés, au sujet de la tribune cosignée par 220 scientifiques, ingénieurs, juristes et industriels européens.

uniques en leur genre. Kate Crawford[1] parle d'« algorithmique à haute fréquence » en décalage avec le temps de construction et d'application de la loi. Ce qui rend la compréhension des développements algorithmiques dans le temps encore plus difficile, et impose des exigences d'anticipation bien plus élevées. Rappelez-vous, une loi bien faite doit considérer tous les scénarios – présents et futurs – afin d'écarter le risque de vides juridiques, être correctement formulée afin de conserver une certaine souplesse et pouvoir s'adapter avec le temps par un niveau d'anticipation suffisant de la part du législateur. Cet objectif est bien plus compromis quand le sujet n'est pas saisi à la fois dans sa globalité et dans sa granularité. Quand on sait que le lobby passe par une certaine instrumentalisation du langage pour appuyer certains arguments, on comprend alors les menaces bien plus grandes sur les lois à venir par le fossé qui se creuse entre les législateurs et les scientifiques. Dans le monde des *buzzwords* qui est tristement le nôtre aujourd'hui, le beau parleur est roi.

À cela s'ajoute le déséquilibre économique existant entre les protagonistes technologiques, les lobbyistes antagonistes et les pouvoirs publics. Les Gafam[2], avec des revenus qui se rapprochent de budgets étatiques, attribuent des lignes budgétaires importantes à la gestion des relations publiques et au lobby.

---

1. Dans son livre *Atlas of AI*.
2. Acronyme donné aux géants technologiques américains Google, Apple, Facebook, Amazon, Microsoft.

À Bruxelles, plus de 20 millions d'euros ont été dépensés par les Gafam en un an sur les activités de lobbyisme européen[1]. Cela leur confère un pouvoir et un levier d'action incomparables face aux petits acteurs, aux associations ou aux scientifiques. En d'autres termes, leur puissance économique induit un lobby déséquilibré par les moyens mis en œuvre, donc éventuellement contre-productif et possiblement « mauvais ». Pour qu'il soit efficace, le lobby entourant une décision telle que la conception d'une loi doit être représentatif à poids identique de chaque partie prenante, au risque de voir un acteur bénéficier systématiquement de la législation au détriment d'autres acteurs. Dans le pays des algorithmes, un tel lobby affaiblirait systématiquement le citoyen, dont les libertés individuelles diminueraient et dont la voix s'effacerait.

Mais alors que faire ? Certains diraient qu'il faut interdire le lobbying. Je pense que ce serait une grave erreur, car, au risque de me répéter, le lobby est nécessaire pour construire des lois cohérentes et pragmatiques. Aller toujours plus loin dans la transparence est nécessaire. Alors pourquoi ne pas exiger des parties prenantes de dévoiler leur budget consacré à cette activité ? Et même l'origine nominative des grandes donations faites aux *think tanks*, aux ONG et autres associations. Cela permettrait à chaque législateur, membre du gouvernement, acteur industriel ou encore citoyen, de prendre conscience du poids de chacun. Les présidents et les rapporteurs

1. Source : Statista, 1er juillet 2020.

de commissions parlementaires sont d'ores et déjà dans l'obligation de déclarer leurs prises de contact et rendez-vous avec des lobbyistes. Depuis 2019, les députés européens sont invités – sur la base du volontariat, certes – à déclarer également leurs entrevues. Et pourtant ils ne sont que deux tiers[1] à le faire, soulevant des questions éthiques sur les raisons pour lesquelles le tiers restant ne le fait pas. Enfin, pour reprendre les mots du Pr Guillaume Courty, ce ne sont pas uniquement les lobbyistes qui doivent changer, mais aussi et surtout les politiques et les parlementaires qui doivent apprendre à filtrer l'information qu'ils reçoivent. Apprendre à hiérarchiser l'information, distinguer ce qui est reconnu et démontré de ce qui fait encore débat ou au stade de recherches et d'études, et enfin détecter ce qui est faux. J'aime cette vision qui impose au législateur et au politique de travailler davantage et mieux, dans un souci d'efficacité et d'utilisation de leur esprit critique.

Vers de nouveaux enjeux algorithmiques et légaux

À ce stade de notre exploration, il me semble que l'on peut s'accorder sur l'importance d'une législation correctement réfléchie, nécessitant d'avoir toutes les cartes en main pour en comprendre le champ des possibles, les limites et les incompatibilités avec la

1. Selon l'organisation Transparency International, 2019.

science. On s'accordera également sur les difficultés de le faire dans le monde des algorithmes, moins tangible, plus permissif, plus rapide, et *a fortiori* beaucoup plus complexe. Car les choses vont vite, la loi doit s'adapter, durer, et anticiper. Entrons à présent ensemble dans le cœur du sujet et la raison même de l'écriture de ce livre, en lien avec l'évolution scientifique et technologique des algorithmes...

Chapitre 3

Explicabilité et interprétabilité des algorithmes

Le Pr Richard Feynman[1] affirmait que si nous n'étions pas capables d'expliquer simplement un concept, c'est que nous ne l'avions pas entièrement compris. Si je défends avec une certaine férocité ce principe sage, il est en réalité difficile à appliquer en intelligence artificielle. En pratique, certaines logiques algorithmiques sont plus faciles à exprimer que d'autres. Cette logique est l'ensemble des mécanismes qui pilotent le processus calculatoire algorithmique en charge de fournir une réponse à partir d'un ensemble de données d'entrée. Par exemple, quand je commande un Uber ou un Lyft, la sélection du véhicule (le résultat du calcul algorithmique) se fait entre autres à partir de ma position géographique, de ma destination et de la localisation des véhicules environnants ainsi que de leur disponibilité ; ce sont les données d'entrée.

1. Physicien américain, Prix Nobel de physique en 1965 et connu pour son art de la démocratisation scientifique, et une de mes plus grandes inspirations, comme je l'écris dans *De l'autre côté de la Machine*.

Comme vous l'aurez sûrement compris à ce moment du livre, les algorithmes explicites sont pour la grande majorité explicables puisque ce sont les êtres humains, scientifiques et ingénieurs, qui définissent la logique d'exécution. Quelques modèles sont encore difficiles à expliquer comme certains arbres décisionnels gigantesques ou aux conditions nodales floues. D'ailleurs, je défie quiconque de m'expliquer l'arbre construit par nos autorités pour décider l'autorisation de sortie d'une personne pendant le couvre-feu imposé lors de la pandémie de Covid-19. Avec humour tout de même, l'absence d'efforts de certains ou peut-être une certaine mauvaise foi chez d'autres, force est de constater que nous étions finalement tous perdus dans cet amas de règles en apparence désordonnées et sans raisonnement hiérarchisé.

D'autres modèles sont explicables mais indirectement, comme celui que j'ai développé pour simuler un traumatisme crânien quand je travaillais au MIT de 2011 à 2016. Dans ce type d'algorithmes, on construit explicitement le modèle au sein d'un ensemble de points de données, puis on assemble tous les résultats des calculs locaux pour obtenir la réponse globale de l'ensemble en question. Plus concrètement, dans le cas de mes simulations sur le cerveau, je définissais mathématiquement et numériquement le comportement local du tissu cérébral et j'en déduisais par un calcul d'assemblage à plusieurs dizaines de millions de degrés de liberté la déformation macroscopique du cerveau humain à l'issue d'un choc à la tête, par exemple. Même si je ne modélise pas explicitement la réponse globale du cerveau, et donc ici sa déformation, je peux la déduire par l'explicabilité de la modélisation locale. Par exemple, un fort champ de pression apparaît dans le cerveau car un champ de force le traverse localement sous un certain angle, à une certaine vitesse, et sur une certaine surface. L'appréhension des algorithmes explicites peut être complexe, mais se révèle, dans la plupart des cas, possible.

Les algorithmes implicites, quant à eux, sont relativement difficiles à expliquer. J'écris *relativement*, car cela dépend du type d'algorithme d'apprentissage. On parle aussi d'« interprétation » des algorithmes. Dans ce chapitre, je traiterai uniquement des algorithmes implicites, car c'est à eux que l'on se réfère lorsqu'on parle de « boîte noire ». Comme nous le verrons un peu plus loin, leur explicabilité est à la fois un enjeu pour les scientifiques et les ingénieurs, et un sujet de discussion chez le législateur dans la conception et l'écriture des prochaines régulations. Mais avant d'entrer dans le vif du sujet, essayons de comprendre ensemble les raisons pour lesquelles nous cherchons à tout prix à expliquer ou à interpréter un algorithme.

Pourquoi expliquer et interpréter un algorithme ?

Les algorithmes sont au cœur de processus de décision dits « automatisés », qui concluent parfois à notre place, ou arbitrent sur notre futur. C'est le cas de l'évaluation d'une ligne de crédit ou de l'acceptation de notre candidature à l'université. Cela étant dit, comprendre leur fonctionnement est fondamental pour garantir la « confiance »[1] des individus dans ces outils, l'application de la loi, voire le contrat social.

Dans le domaine de la finance, par exemple – qui inclut la banque de détail, la finance de marché et l'assurance –, il est imposé à ses acteurs de faire preuve d'une grande transparence sur les raisons et les motifs d'une action ou d'une décision. En ce sens, l'article de loi américain de 1974 Equal Credit opportunity Act – qui rend illégale toute forme de discrimination des individus sur l'âge, le genre, l'orientation sexuelle, la religion ou encore l'ethnicité – impose à ces mêmes acteurs d'être capables de justifier précisément et sans aucune ambiguïté leur processus de décision. En cela, l'utilisation d'algorithmes suffisamment explicables est indispensable.

Dans le domaine médical, le diagnostic algorithmique – comme la détection automatique de tumeur sur une radiographie – doit être validé par un *véritable* médecin, de chair et d'os, et justifié auprès du patient. Là aussi, expliquer l'usage des algorithmes représente un véritable enjeu : il s'agit de s'assurer, voire de renforcer, la confiance du patient envers le corps médical, de convaincre le médecin d'utiliser ces outils avancés, mais aussi de se couvrir en cas de poursuites judiciaires. Imaginez un instant une

1. Je mets le mot « confiance » entre guillemets car, en réalité, les individus doivent avoir confiance dans les concepteurs de ces outils.

patiente dont on aurait identifié pour la première fois une tumeur au sein en 2021 mais qui était déjà présente deux ans auparavant et à côté de laquelle l'algorithme serait passé. Les conséquences seraient catastrophiques, tant sur le plan médical (la patiente aurait perdu deux années sur son traitement) que sur le plan judiciaire (qui porte la responsabilité, la *Machine* ou le médecin ?). Trouver les origines d'une telle erreur suppose d'assimiler le raisonnement algorithmique et donc de pouvoir l'expliquer.

On souhaite également expliquer un algorithme pour pouvoir s'assurer de son caractère juste. On parle de *fairness* en anglais. Garantir que l'algorithme considère chaque individu de manière juste et rationnelle, en évitant toute forme de discrimination qui amènerait à examiner injustement une personne au lieu d'une autre. Dans le cas où on s'intéresse à l'absence de traitements injustes et inégaux à l'égard d'un groupe d'individus en particulier, comme les seniors ou encore les femmes, on parle de *global fairness*. En pratique, on cherche à prouver l'indépendance de la réponse algorithmique envers certaines variables reconnues comme sensibles, telles que la couleur de peau, l'âge ou le genre dans certaines situations. De nombreuses études menées sur le concept de *fairness* s'intéressent aux approches destinées à expliquer ou à interpréter un modèle. Ces méthodes sont encore en développement, mais on peut d'ores et déjà utiliser certains principes comme le calcul du taux de faux positifs, de faux négatifs, de valeurs correctement prédites (vrais positifs), et la comparaison entre des sous-ensembles représentatifs d'une certaine population par exemple. On peut comparer le taux de valeurs correctement prédites de la population générale avec une sous-population de personnes, comme les seniors. Ces calculs donnent un certain éclairage sur le fonctionnement de l'algorithme. Et ils permettent par la même occasion de confirmer l'absence de biais algorithmique et de risque de discrimination technologique. On voit ici les tensions qui peuvent exister entre la démonstration de la *fairness* et les réglementations de certains pays ou régions du monde, qui interdisent la collecte de l'ethnicité par exemple. C'est le cas de la France et de l'Europe. On risque de passer à côté de traitements discriminatoires par les algorithmes à défaut de pouvoir les tester correctement au moment du déploiement en production. Pire, on ne découvrira ces discriminations (si on les découvre) qu'une fois ces algorithmes utilisés massivement, lors d'un prochain scandale révélé par un ou plusieurs utilisateurs. L'algorithme aura déjà fait beaucoup de dégâts. Pour parer à ce danger, la scientifique Sara Hooker, qui conduit ses travaux chez Google Brain, propose la méthode « Human in the loop[1] », qui consiste à aider « humainement » un algorithme de catégorisation à classer des exemples difficiles comme les scénarios rares ou peu représentatifs souvent capturés dans les queues de fonctions gaussiennes tronquées. Et ainsi assurer le caractère non discriminatoire de l'algorithme.

---

1. Sara Hooker, Nyalleng Moorosi, Gregory Clark, Samy Bengio et Emily Denton, « Characterising Bias in Compressed Models », *Machine Learning*, 2020.

Cela peut vous paraître étrange, mais nous, scientifiques et ingénieurs, cherchons également à expliquer les algorithmes pour nous-mêmes. En comprenant la logique sous-jacente de ce que nous produisons, nous pouvons ainsi améliorer nos modèles, comprendre des artefacts, voire réparer des bugs. Imaginons qu'on entraîne un algorithme de façon tout à fait abstraite avec un très faible niveau d'explicabilité, et que celui-ci présente un biais qui aboutit à une discrimination ou à une erreur d'exécution. Dans le cas de la discrimination, on peut imaginer enrichir les données d'apprentissage après avoir identifié, grâce à une analyse statistique, le biais de représentation dans l'échantillon – comme l'absence de personnes de couleur sur des photos d'entraînement pour un algorithme de reconnaissance faciale qui ne reconnaîtrait ainsi pas les peaux noires. Mais il existe des erreurs d'exécution dont il est parfois difficile de comprendre l'origine, et auxquelles il est donc difficile de trouver un moyen de réparation.

Dans un papier de 2016[1] sur l'explicabilité algorithmique, une équipe de l'université de Washington présente entre autres un algorithme d'apprentissage censé identifier les huskies sur une image. Contre la volonté des concepteurs, cet algorithme a été finalement entraîné sur les arrière-plans des photos de

1. Marco Tulio Ribeiro, Sameer Singh et Carlos Guestrin, « Why Should I Trust You? Explaining the Predictions of Any Classifier », *Proceedings of the 22nd ACM SIGKDD International Conference on Knowledge Discovery and Data Mining*, 2016, p. 1135-1144.

l'échantillon. L'algorithme ne peut alors identifier un husky que si l'arrière-plan est composé de neige. Vous imaginez aisément les erreurs d'exécution qui amènent un *algorithme de reconnaissance de neige* à identifier systématiquement la présence d'un husky entouré uniquement de son environnement alpestre. Quelle serait la réponse d'un calcul réalisé sur une photo d'un husky dans une campagne bretonne estivale ? Cet exemple montre l'importance de maîtriser un minimum le processus d'apprentissage, mais aussi de valider judicieusement et méthodiquement son algorithme pour s'assurer de son bon fonctionnement.

À ce moment du chapitre, vous pensez sûrement qu'il suffirait de produire des algorithmes explicables pour éviter toute erreur. Seulement voilà, dans de nombreuses circonstances, il est impossible de décrire explicitement le phénomène à simuler pour la simple raison qu'on ne le comprend pas complètement ou que sa description n'est pas mathématisable. Reprenons en détail l'exemple du chien à identifier sur une photo[1]. Vous pouvez imaginer décrire un chien comme une entité avec une certaine forme, une tête avec deux yeux, une fourrure donnant une texture particulière à l'image ou encore deux oreilles au dessin caractéristique. Même avec le meilleur algorithme explicite d'analyse d'image, vous passerez à côté de nombreux chiens, et confondrez chiens, loups et renards. Pire, votre modèle n'identifiera pas comme *chien* un canin sans poils

1. Que nous avons introduit dans le chapitre 1 et que je donne également dans mon livre *De l'autre côté de la Machine*.

avec une oreille uniquement. Il est ici impossible de décrire explicitement un chien sur une image. Les algorithmes d'apprentissage sont aujourd'hui la seule solution à ce problème, et fournissent de bons résultats… (à condition d'analyser l'objet principal de la photo et non l'arrière-plan).

Prenons à présent le cas de la modélisation du comportement des utilisateurs sur un réseau social comme Twitter. Quelles sont les raisons qui poussent les utilisateurs à aimer tel contenu plutôt qu'un autre ? Pourquoi commentent-ils un post en particulier ? On comprend les grandes lignes de leur raisonnement – comme les causes de la propagation accélérée de contenus qui engagent émotionnellement les individus, tels que des tweets polémiques –, mais on ne capture pas l'ensemble des processus logiques d'interactions des twitteriens avec le réseau à l'oiseau bleu. C'est pour cela que l'entraînement d'algorithmes de catégorisation sur les scénarios d'usage de Twitter permet de capturer plus correctement (en théorie) ces interactions.

Au moment de chercher à expliquer un algorithme, il est important d'identifier la cible de cette explication. Cette notion est introduite dans quasiment toutes les contributions sur l'explicabilité, comme celle présentée par Télécom Paris en mars 2020[1] qui

1. Valérie Beaudouin, Isabelle Bloch, David Bounie, Stéphan Clémençon, Florence d'Alché-Buc, James Eagan, Winston Maxwell, Pavlo Mozharovskyi et Jayneel Parekh, « Flexible and Context-Specific AI Explainability: A Multidisciplinary Approach », *ArXiv*:2003.07703, 2020.

regroupe des scientifiques de la data, des ingénieurs en sciences informatique, des sociologues ou encore des économistes pour approcher l'explicabilité algorithmiques sous différents angles. La question qui se pose est la suivante : à qui est-elle destinée ? Les concepteurs, les utilisateurs, le législateur ? L'identification de cette personne morale ou physique est fondamentale pour définir le degré de détail à apporter à l'explication, les questions auxquelles répondre ou encore le niveau de langage à utiliser. On doit en effet adapter sa grammaire technique selon qu'on parle à un ingénieur, à un citoyen ou à la Commission européenne. Les attentes sont également différentes. Alors qu'un citoyen va chercher à cerner la façon dont ses données à caractère personnel sont traitées par l'algorithme, le législateur souhaite s'assurer que son exécution ne viole aucune loi.

Comment expliquer et interpréter un algorithme ?

On pourrait écrire un livre entier sur les méthodes d'explicabilité algorithmique, tant les approches sont nombreuses et en constante évolution. Ces méthodes sont le fruit de la recherche académique mais aussi du développement industriel, et se sont même transformées en une discipline à part entière : XAI pour eXplainable Artificial Intelligence. Sans chercher à faire une liste exhaustive de l'ensemble de ces méthodes ou l'explication mathématique et statistique qu'elles renferment, il me semble important de présenter quelques-unes d'entre elles en mettant l'accent sur ce qui les différencie. On peut classer ces méthodes en fonction du moment durant lequel elles sont utilisées dans la vie de l'algorithme. *Avant* l'entraînement de l'algorithme, *pendant* son développement ou *après*, c'est-à-dire à la fin de son déploiement en production ou pendant son utilisation.

De nombreuses méthodes reposent sur la notion de modèle explicite de substitution. L'idée est la suivante : on construit, en parallèle de l'algorithme implicite opaque une fois entraîné, un modèle explicite dont on connaît la logique d'exécution puisque nous la décidons. Concrètement, nous le construisons en tentant de faire correspondre approximativement sa réponse à la réponse de l'algorithme entraîné opaque. On peut, par exemple, utiliser un modèle de type régression linéaire, dans lequel on fait correspondre les valeurs d'entrée aux résultats obtenus à travers une fonction linéaire. Bien évidemment, ce modèle de substitution est souvent beaucoup moins efficace que l'algorithme implicite dans ses réponses. C'est justement pour cela qu'on utilise des techniques d'entraînement. Cela étant dit, même avec une efficacité bien moindre, mais avec une similarité statistique dans la réponse de ces deux algorithmes, on peut par cette méthode deviner ou interpréter la logique du modèle « boîte noire » par l'expression explicite de la logique du modèle de substitution. Il faut remonter à la moitié du XXe siècle et à la théorie des jeux pour comprendre la philosophie derrière ces méthodes actuellement utilisées, sur la base, notamment, des travaux du mathématicien américain Lloyd Shapley, Prix Nobel d'économie en 2012. La théorie des jeux est une discipline mathématique qui se penche sur la compréhension et la modélisation des interactions entre joueurs d'une partie donnée. Mise au point en 1920, elle se modernise et s'applique pour la première fois en 1944 à l'économie, avec le travail d'Oskar Morgenstern et John von Neumann[1]. En 1953, dans ses travaux exposés dans le livre collaboratif *Contributions to the Theory of Games*[2], Lloyd Shapley s'intéresse à évaluer la contribution individuelle des joueurs d'une équipe qui gagne une partie de jeu coopératif afin d'estimer leurs gains. Plus précisément, il cherche à comprendre ces fameuses interactions entre joueurs en soulignant la participation de chaque individu au succès de la partie mais aussi les liens entre ces contributions. Dans cet effort, il propose des caractéristiques, à qui on donnera le nom de « valeurs de Shapley », qui caractérisent la distribution des gains. Ces valeurs satisfont plusieurs conditions appelées « propriétés de Shapley ». On compte notamment la « propriété d'additivité » – qui stipule que la somme des contributions individuelles d'un joueur est égale à la différence entre la moyenne des gains et le résultat final –, ainsi que la « propriété de monotonie »

1. Oskar Morgenstern et John von Neumann, *Theory of Games and Economic Behavior*, Princeton University Press, 1944.
2. *Contributions to the Theory of Games* (AM-28), volume II, 1953.

– qui implique que le gain augmente quand les contributions des joueurs augmentent.

Par analogie avec l'apprentissage machine, on utilise la théorie de Shapley et le calcul de ses valeurs pour évaluer la contribution de chaque type de donnée d'entrée et leurs effets sur la réponse de l'algorithme. Les valeurs d'entrée sont les joueurs, les contributions de ces valeurs sont les participations des joueurs, et les réponses algorithmiques sont les gains. Grâce à la théorie des jeux de Shapley, on calcule pour un algorithme donné la distribution des réponses et ainsi on extrait une partie de sa logique. On parle de *SHAP values* pour *SHapley Additive exPlanation values*. Ce principe est utilisé dans la méthode couramment utilisée de LIME, dans laquelle, par régression linéaire, on analyse les conséquences de perturbations des valeurs d'entrée du modèle sur la réponse algorithmique locale. Il existe différentes méthodes de calcul des valeurs de SHAP qui améliorent la performance en diminuant le temps de calcul, comme la méthode LASSO, qui (comme le nom l'indique) sélectionne aléatoirement les paramètres d'entrée à la façon d'un lasso de cow-boy, et sur lesquels l'analyse est conduite.

Pas besoin de coder ces méthodes pour pouvoir les utiliser, des programmeurs en informatique l'ont déjà fait pour nous. On parle de « librairie » ou de *packages* mis à disposition gratuitement dans des langages spécifiques comme le Python. En important une librairie, on peut directement appeler ses fonctionnalités par l'écriture d'une ligne de code uniquement. Dans le cas des méthodes d'explicabilité, il existe une librairie en Python dont le nom me fait toujours sourire : elle s'appelle *Explain me Like I Were 5* (« Expliquez-moi comme si j'avais 5 ans »). Ce nom original n'est pas sans rappeler la philosophie pédagogique du Pr Richard Feynman. Les scientifiques et les ingénieurs se penchent depuis un moment sur la conception de méthodes pour expliquer et interpréter les algorithmes. En parallèle, ils travaillent et collaborent au développement informatique de codes ouverts et partagés (ou *open source* en anglais), de librairies et de logiciels même payants pour faciliter et accompagner les tests à réaliser sur les algorithmes.

En 2017, le Pr Dimitris Bertsimas et son équipe[1] développent une nouvelle approche pour expliquer les algorithmes entraînés sur des réseaux neuronaux par nature opaques et difficilement explicables. Ils proposent de transformer le réseau neuronal une fois construit (et donc l'algorithme une fois entraîné) en un arbre de décision à classification optimale. Cet arbre possède la particularité d'être plus explicable que le réseau neuronal d'origine, mais avec la même efficacité dans la réponse. Cet arbre est créé par un calcul d'optimisation sur le nombre de nœuds et de niveaux, ainsi que sur les conditions aux nœuds. Vous pouvez revenir quelques pages en arrière, dans le premier chapitre, pour rafraîchir votre mémoire sur la définition d'un arbre de décision. Rappelez-vous, les conditions aux nœuds

1. Dimitris Bertsimas et Jack Dunn, « Optimal Classification Trees », *Machine Learning*, n° 106, 2017, p. 1039-1082.

permettent d'orienter le passage vers une branche en particulier jusqu'à atteindre le prochain nœud et donc les prochaines conditions à satisfaire. Comme dans le cas de tout problème d'optimisation, il est parfois difficile d'obtenir une solution. Cette méthode a néanmoins fait ses preuves amenant le Pr Bertsimas à lancer la start-up Interpretable AI[1] afin de commercialiser sa solution.

Il n'est pas constamment attendu que l'algorithme soit entraîné et prêt à être utilisé pour chercher à l'expliquer. Au contraire, les décisions automatisées étant orientées par la data, on peut et on doit en toute rigueur analyser les données sur lesquelles l'algorithme est entraîné. Il existe de nombreuses techniques pour décrire statistiquement la data et visualiser sa répartition. Par ces analyses on peut identifier un biais de représentativité dans l'échantillon. Il existe des outils *open source* comme le Dataset Nutrition Label[2], du *Data Nutrition Project* du MIT. Cette méthode, inspirée des labels d'informations nutritionnelles des aliments, consiste à mesurer la représentativité du jeu de données en lui associant des *ingrédients* par analogie à la table nutritionnelle. Comme la récurrence de certaines valeurs, les mesures statistiques (moyenne, écart-type…) sur les valeurs des *metadata*, la présence de données à caractère personnel, la fréquence d'actualisation du

1. https://www.interpretable.ai/
2. Sarah Holland, Ahmed Hosny, Sarah Newman, Joshua Joseph et Kasia Chmielinski, « The Dataset Nutrition Label: A Framework To Drive Higher Data Quality Standards », *ArXiv*:1805.03677, 2018.

jeu de données ou encore des mesures de corrélations entre *metadata*. En pratique, cet outil fournit des indicateurs chiffrés, des histogrammes ou des graphes en général, qui donnent des informations sur la qualité du *dataset*. Il ne dit pas si le *dataset* est bon ou mauvais, mais il quantifie sa qualité.

Il existe également une méthode qui permet à l'algorithme de s'expliquer lui-même. Vous avez bien lu : l'algorithme est capable, en cours d'exécution, de donner des indications sur son propre fonctionnement. Cela est rendu possible par la construction d'une description particulière des *metadata* des points de données sur lesquelles on l'entraîne. Cette méthode – TED pour Teaching AI to Explain its Decisions – a été initiée par IBM en 2019[1] et permet d'introduire un ou plusieurs champs supplémentaires dans la liste des *metadata*, qui décrivent la raison objective de la valeur associée au label de ce point de data. Prenons un exemple concret. Un algorithme de catégorisation est conçu pour estimer les risques d'un dossier de candidature à un prêt immobilier, et donc décider de l'acceptation de ce prêt pour un client déterminé. Pour cela, il est entraîné sur des données historiques de prêts bancaires acceptés et refusés pour un large panel de clients. Pour chaque point de donnée et donc pour chaque prêt, on connaît systématiquement la ou

1. Michael Hind, Dennis Wei, Murray Campbell, Noel C. F. Codella, Amit Dhurandhar, Aleksandra Mojsilović, Karthikeyan Natesan Ramamurthy et Kush R. Varshney, « TED: Teaching AI to Explain its Decisions », *ArXiv*:1811.04896v2, 2019.

les raisons pour lesquelles celui-ci a été finalement accordé ou refusé. On formalise la ou les raisons au sein du ou des champs supplémentaires aux champs initiaux des *metadata*. Dans le cas de cet algorithme de catégorisation, on analyse statistiquement les champs « raisons » des points de données de chaque classe, pour capturer la logique de catégorisation de l'algorithme. Et ainsi comprendre et expliquer à un futur client qui s'est vu refuser un prêt pour une maison secondaire les raisons d'une telle décision.

On parle souvent d'*explainability by design* pour décrire l'ensemble des méthodes en amont qui permettent d'anticiper l'explicabilité algorithmique ainsi que les moyens pour y parvenir. Anticiper est un moyen astucieux pour échapper aux erreurs naïves qui ne pardonnent pas. Comme je recommande toujours à mes stagiaires ou aux jeunes ingénieurs et scientifiques avec lesquels je travaille, avant même de coder un algorithme, il faut concevoir voire écrire les tests à l'avance qui permettent de valider l'algorithme (vérifier qu'il réalise ce qu'on attend de lui), ou de s'assurer qu'il ne contient aucun bug. Cette astuce permet de dézoomer sur son implémentation informatique afin d'anticiper des scénarios auxquels on n'avait pas initialement pensé. L'*explainability by design* comme l'*ethics by design* sont des approches qui encouragent chez les concepteurs la proactivité et la responsabilité.

Les prochaines générations d'algorithmes

En janvier 2021, les chercheurs de Google Brain annoncent dans une publication scientifique[1] avoir conduit le plus gros calcul d'apprentissage algorithmique sur réseau neuronal profond. Autrement dit, ce calcul possède le plus grand nombre d'inconnues à optimiser au sein du réseau durant l'apprentissage algorithmique. Plus précisément, ils ont réalisé un entraînement à 1,6 mille milliards de paramètres, destiné à la traduction. On parle aussi d'algorithme de NLP pour Natural Language Processing (« traitement automatique du langage naturel »). Cet apprentissage a pu être réalisé grâce à une technique de répartition ingénieuse des inconnues du problème sur les cœurs des microprocesseurs, permettant d'accélérer la vitesse de calcul par un facteur quatre, tout en maintenant constante la mémoire utilisée par machine. Ce record soulève de nombreuses questions sur les plans tant technique que social et économique.

En augmentant le nombre de paramètres du modèle, on le rend plus abstrait et on diminue la capacité à l'expliquer. Cette opacité grandissante rend plus difficile l'identification des origines des biais algorithmiques et des bugs au sein du modèle dont la logique est beaucoup moins capturable.

1. William Fedus, Barret Zoph et Noam Shazeer, « Switch Transformers: Scaling To Trillion Parameter Models With Simple And Efficient Sparsity », *ArXiv*:2101.03961v1, 2021.

Ce qui rend aussi délicate et laborieuse la tâche pour les éliminer. Il y a ici un coût de la décision à évaluer. Augmenter le niveau d'abstraction des modèles permet de résoudre des problèmes plus complexes avec une plus grande précision, dont on a souvent besoin (souvenez-vous de la reconnaissance d'un chien sur une photo), mais à quel prix sommes-nous parfois prêts à opacifier davantage nos modèles pour quelques pourcentages gagnés sur la précision du résultat ? En 2016, une équipe de Google[1], qui entraîne un algorithme de détection sur images d'objets avec deux fois plus de paramètres, gagne 3 % seulement sur la précision du résultat. La pertinence de ce type de calcul en pratique est alors contestable.

Sur un plan social, un calcul comme celui réalisé par Google Brain consomme énormément d'énergie. Un rapport d'OpenAI[2] affirme que depuis 2012 la capacité de calcul nécessaire pour entraîner un modèle d'IA augmente d'un facteur dix chaque année. Considérant que les *data centers* sont de gros consommateurs d'énergie, on imagine alors les implications environnementales. Même après l'entraînement, en période d'inférence[3], un algorithme en production peut consommer énormément

1. Christian Szegedy, Sergey Ioffe, Vincent Vanhoucke et Alexander A. Alemi, « Inception-v4, Inception-ResNet and the Impact of Residual Connections on Learning », *Proceedings of the Thirty-First AAAI Conference on Artificial Intelligence*, 2016.
2. *AI and Compute*, OpenAI, 2018.
3. *Google and UC Berkeley Propose Green Strategies for Large Neural Network Training*, Synced, 2021.

d'énergie lorsqu'il est utilisé quotidiennement par des millions voire des milliards d'utilisateurs. Aujourd'hui et plus que jamais, l'écologie et la protection de notre planète sont un sujet qu'on doit considérer lorsque l'on pense, entraîne et utilise les technologies. Enfin, sur un plan économique, ce calcul coûte extrêmement cher, comme l'indique la reporter scientifique américaine Karen Hao, de la *MIT Technology Review*[1], qui estime entre 4 et 12 millions de dollars le coût de l'apprentissage de Google. Seuls quelques acteurs aux revenus gigantesques, qui se comptent sur les doigts d'une main, peuvent se permettre ce genre de calcul. On est en droit de s'inquiéter du droit à la concurrence et à l'innovation.

On améliore constamment les méthodes d'apprentissage pour entraîner les modèles sur un ensemble réduit de données tout en garantissant les mêmes performances. Ces méthodes sont principalement utilisées en vision par ordinateur (ou *computer vision* en anglais), dans la reconnaissance d'entités sur une image par exemple. Parmi ces méthodes, l'approche de transfert d'apprentissage (*transfer learning* en anglais) consiste à affiner un algorithme déjà entraîné sur un réseau neuronal. Cette technique permet de diminuer fortement la taille du jeu de données sur lequel finaliser l'apprentissage. La puissance computationnelle, et donc l'énergie consommée, est alors fortement réduite. Il existe de nombreux modèles préentraînés libres

---

1. Au sein d'un fil Twitter daté du 13 janvier 2021.

et gratuits comme AxelNet, de l'université de Toronto[1], et Inception-v3, de Google, qui sont des algorithmes de détection sur images construits sur la plus grande base de données d'images classifiées, ImageNet[2].

Quand on est enfant et qu'on découvre pour la première fois un cheval, on est ensuite capable de reconnaître un autre cheval d'une autre race avec une morphologie et une couleur différentes. On peut éventuellement botter en touche face à un zèbre, mais là encore une seule observation suffit à identifier le prochain zèbre et à le distinguer du cheval. On apprend en un ou plusieurs coups. Des chercheurs et des ingénieurs s'intéressent à reproduire artificiellement cet apprentissage humain qui nécessite très peu de données. Il existe notamment les méthodes d'apprentissage *few-shot* (« en quelques coups ») et *one-shot* (« en un coup »), qui consistent à entraîner un modèle sur un jeu de data fortement réduit classifié statistiquement. C'est ainsi que des scientifiques ont réussi à entraîner un algorithme de reconnaissance de nombres écrits à la main, sur dix images uniquement ! Vous aurez compris que ces images représentent les dix chiffres, de 0 à 9. Pour cela, ils ont réalisé une préclassification des 60 000 images de chiffres écrits à la main, de la base

1. Alex Krizhevsky, Ilya Sutskever et Geoffrey E. Hinton, « ImageNet Classification with Deep Convolutional Neural Networks », *Communications of the ACM*, n° 60, 2017, p. 84-90.
2. ImageNet contient plus de 14 millions d'images classées en 22 000 catégories.

de données MNIST[1] (Modified National Institute of Standards and Technology *database*). En comparaison, dans le cadre d'un apprentissage profond classique, il aurait fallu entraîner l'algorithme sur quasiment l'ensemble des images de MNIST.

Plus récemment, en 2020, des chercheurs de l'université de Waterloo, au Canada[2], ont proposé une méthode encore plus révolutionnaire qui nécessite moins de données que d'entités à reconnaître. On parle alors de LO-shot pour Less than One Shot, « en moins d'un coup » en français. L'idée est de construire une classification qui contient moins de classes que de points de données sur laquelle elle est créée. Ils utilisent pour cela la méthode d'apprentissage statistique du calcul des k plus proches voisins, qui consiste à identifier la classe à laquelle appartient un point de donnée en regardant les classes auxquelles appartiennent les k plus proches voisins (k pouvant prendre différentes valeurs). Toutes ces méthodes vont fortement évoluer dans le futur, et vont certainement influencer le niveau d'explicabilité des algorithmes finalement entraînés, rendant peut-être l'identification de biais ou d'erreurs de logique plus difficile.

On améliorera aussi sûrement les méthodes d'apprentissage non supervisé qui permettent d'entraîner

1. Yann Le Cun, Corinna Cortes et Christopher J. C. Burges, « The MNIST Database of Handwritten Digits », http://yann.lecun.com/exdb/mnist/

2. Ilia Sucholutsky et Matthias Schonlau, « "Less Than One"-Shot Learning: Learning N Classes From M<N Samples », *ArXiv*:2009.08449, 2020.

un algorithme sur un jeu de données non labellisé et non structuré. Cette étape de préparation de la data, où on labellise rigoureusement chaque point de donnée, est fastidieuse et chronophage. En théorie, si on se soustrait de cette tâche pénible et coûteuse (on labellise souvent à la main, ce qui requiert une main-d'œuvre souvent considérable), tout laisse à penser qu'on puisse entraîner un algorithme sur un échantillon pantagruélique de données. On ne prendrait ainsi plus le risque d'introduire un biais dans le jeu de données *a fortiori* éléphantesque, et la menace de discrimination technologique ne serait alors qu'un lointain souvenir. Cette projection idéale et alléchante n'est pourtant pas systématiquement plausible. En effet, elle suppose que les données collectées sur l'ensemble du globe terrestre comme sur le Web représentent la réalité de notre monde. Mais malgré sa démocratisation massive et sa perpétuelle évolution, le Web demeure une image prismatique de notre civilisation. De la même manière, on ne pourra jamais affirmer *connaître* la civilisation occidentale du Moyen Âge ou de la Renaissance sous prétexte que nous avons accès à des informations, même en grandes quantités, sur les modes de vie, la gouvernance des pays et des royaumes, ou encore les organisations familiales, qui proviennent de sources spécifiques, comme la littérature, les essais, les publications officielles, ou encore les peintures et les dessins. Le Web étend significativement les sources mais ne pourra jamais toutes les considérer. En voici un exemple concret.

En 2020, des scientifiques d'universités américaines[1] démontrent la présence de biais dans un algorithme non supervisé entraîné sur les données du Web. Alors qu'Internet est censé être notre fenêtre objective sur le monde, il reste un angle de vue (parfois étroit) de nos sociétés. Il suffit de faire des recherches d'images sur un mot en particulier sur Internet, qui fournissent des résultats extraits de nos usages biaisés du Web, pour comprendre nos représentations discriminantes des êtres et des choses. La plupart des moteurs de recherche ont aujourd'hui rectifié leurs algorithmes de triage pour représenter une diversité dans les résultats, mais il y a encore quelques années, le mot « P-DG[2] » ne fournissait que des images d'hommes blancs de plus de 50 ans. Les biais restent néanmoins encore présents dans les données brutes du Web. Les méthodes non supervisées sont à explorer et à utiliser, mais il faut rester pragmatique en gardant un pied dans notre monde organique où l'humain discrimine malheureusement régulièrement. Je ne suis pas meilleure qu'un autre, et c'est en prenant conscience de mes propres biais, à travers des développements algorithmiques ou des expériences personnelles[3], que

1. Ryan Steed et Aylin Caliskan, « Image Representations Learned With Unsupervised Pre-Training Contain Human-like Biases », *ArXiv:*2010.15052v3, 2020.

2. Président-directeur général.

3. Je fais référence au professeur de sciences informatiques du MIT au profil hispanique et portant un jean, des baskets et un sweat à capuche que j'ai pris pour le livreur de pizzas, au cours d'une scène que je raconte dans *De l'autre côté de la Machine*.

je remets souvent en question mon travail. Et ainsi j'améliore mes modèles.

Dans cette même veine, des scientifiques ont démontré la présence de biais dans la plus grande base de données d'images classifiées, ImageNet, mentionnée quelques lignes plus tôt. Cette base fait aujourd'hui office de référence mondiale pour entraîner des algorithmes d'identification sur images, comme les outils de reconnaissance faciale. La catégorisation des images d'ImageNet est organisée selon le genre, l'âge, la profession, la classe socioprofessionnelle ou encore l'ethnicité. Comme Kate Crawford le souligne dans son livre[1], il existe de nombreux problèmes dans la taxonomie de cette organisation hiérarchisée d'images. Tout d'abord, certaines catégories comme la profession supposent qu'on puisse lier l'apparence physique à un métier. Quand on sait que la majorité d'entre nous associe une femme en blouse blanche au métier d'infirmière, alors qu'elle est médecin, on est en droit de remettre en question ce genre de correspondance. Le même problème se pose concernant les catégories sur l'ethnicité. On relève ainsi certaines incohérences : l'existence d'une catégorie *black woman*, alors que celle de *white woman* n'existe pas. Ces exemples montrent qu'un jeu de données toujours plus grand ne permet pas de se prémunir des risques de biais statistiques, et donc de la création de biais algorithmiques menant à de la discrimination.

---

1. *Atlas of AI.*

Comme vous le savez maintenant, les algorithmes d'apprentissage sur réseaux neuronaux profonds sont les moins explicables mais aussi les plus efficaces pour résoudre des problèmes complexes dont on connaît peu de choses. Cela étant dit, cette faible explicabilité empêche d'utiliser le calcul algorithmique pour comprendre les mécanismes du phénomène simulé. Je m'explique. Quand on modélise mathématiquement la fonte des glaces à partir de nos connaissances physiques explicites du phénomène, la simulation numérique en temps et en espace nous donne accès à des informations locales et globales qui peuvent servir à comprendre davantage le phénomène. Quand j'ai modélisé mathématiquement et numériquement le comportement du cerveau exposé à un choc, j'ai pu à l'issue de la simulation analyser les champs de pression au sein du tissu cérébral et donc saisir certains mécanismes du traumatisme crânien. Un modèle d'apprentissage ne m'aurait pas permis de faire un tel examen. C'est pourquoi ces modèles d'apprentissage profond, même s'ils sont puissants pour répondre efficacement à une question, auront du mal à aider les scientifiques à résoudre les grands problèmes de notre temps à cause du manque de connaissances sur l'algorithme lui-même. En ce sens, lors de la conférence NeurIPS[1] de 2019, les scientifiques ont particulièrement insisté sur l'importance de développer des modèles hybrides, combinant algorithmes implicite et explicite, pour réussir à s'attaquer aux

1. Conference on Neural Information Processing Systems.

grands défis de l'humanité, tels que le changement climatique.

Il est évident que l'augmentation de l'explicabilité algorithmique contribue à comprendre davantage notre monde. C'est dans cette idée, et en nous devançant largement, qu'Aristote, au IVe siècle avant notre ère, a construit la première catégorisation du monde. Dans *Catégories*, dans son œuvre principal, *Organon*, qui regroupe tous ces traités de logique, Aristote présente les dix classes qui lui permettent de catégoriser les êtres et les choses. Son objectif est simple et ambitieux à la fois : comprendre le monde qui l'entoure en associant à chaque sujet un champ descriptif symbolisé par une catégorie. Parmi ces catégories, il y a l'essence, la quantité ou encore la qualité. Moi, Aurélie Jean, je suis une femme (essence), d'un mètre soixante-sept (quantité), et curieuse (qualité). J'aurais également pu me décrire comme scientifique, possédant plus de cinq ordinateurs, et gourmande. Même s'il existe un grand nombre de valeurs pour ces catégories pour décrire un même être ou une même chose, Aristote a pu, par cette description classifiée, appréhender le monde. Ces catégories ont été pour lui une grille de lecture explicite, même limitée.

Dans le futur, même si quelques modèles seront toujours plus abstraits, la tendance est à la nuance, et à l'évaluation du coût de la décision. Chercher à pouvoir expliquer un modèle ou encore à démontrer sa *fairness* et donc l'absence de discrimination, est une tendance qui prend de plus en plus de place. De nombreux scientifiques alertent par des interventions auprès du grand public et devant les parlementaires sur les sujets de boîtes noires et de discriminations. Aux États-Unis, on peut citer les scientifiques Joy Buolamwini, Meredith Broussard ou encore Cathy O'Neil, qui présentent dans le documentaire *Coded Bias*, les mécanismes des biais et des conséquences sur les êtres humains de ces décisions algorithmiques dont on ne comprend pas entièrement le fonctionnement. En parallèle, la discipline XAI, qui se développe rapidement, permettra bientôt de développer de nouvelles méthodes d'explicabilité toujours plus efficaces et plus rapides à exécuter.

Un autre défi se dessine quand on cherche à expliquer la logique de fonctionnement d'un algorithme : l'intelligibilité de cette explication. Rappelez-vous, quand on cherche à expliquer un modèle, on doit identifier précisément et avant toute chose à qui on s'adresse : des ingénieurs, des chercheurs, des législateurs ou encore des citoyens. Force est de reconnaître que la grammaire technique utilisée ainsi que l'objectif de l'explication diffèrent entre ces personnes. Le législateur aura un langage beaucoup moins scientifique que l'ingénieur, mais bien plus que le citoyen lambda. De même, il cherchera à garantir une conformité aux textes de loi, alors que le citoyen espérera trouver des explications sur la collecte et la manipulation de ses données. Il y a ici un défi important à surmonter en explicabilité algorithmique : traduire de manière intelligible l'explicabilité scientifique obtenue par ces différentes approches que nous venons de voir ensemble.

En effet, de ces méthodes de calcul, on obtient des résultats sous forme de graphes, de nombres ou encore de cartographies, qui doivent être compris par tous.

Comme vous pouvez le constater depuis le début de ce livre, les choses vont vite ; les méthodes s'améliorent, de nouvelles approches sont toujours en développement, et les résultats de recherche académique se translatent facilement et rapidement vers l'industrie. Comme incarné par l'entreprise Interpretable AI, du Pr Dimitris Bertsimas. Au fur et à mesure des avancées scientifiques et technologiques sur les algorithmes d'apprentissage, il est fondamental de construire des règles sur la manière de construire, entraîner, tester, expliquer voire utiliser ces outils. En cela, les régulations à venir sur l'IA, comme le texte européen, ont un rôle critique dans l'encadrement des pratiques algorithmiques, afin d'éviter de tomber dans des scandales dramatiques insolubles.

Scandale algorithmique en 2054

Avril 2054, au siège de Precrime à Washington, aux États-Unis, John Anderton, chargé du programme expérimental de police prédictive, est appelé pour analyser une vision des *precogs* un peu particulière. Il monte dans la salle d'observation qui donne sur le temple, cette pièce sombre qui abrite les trois *precogs* allongés dans un bassin et connectés à l'ordinateur principal de Precrime. Une fois les premiers composants de la vision collectés, John enfile ses gants de réalité virtuelle et se place face au large écran transparent incurvé, situé au centre de la pièce. Il commence à visualiser les éléments de cette prophétie, qui sont dans un désordre temporel, entrecoupés et décontextualisés. Ce qui rend la tâche de John difficile.

Un lieu tout d'abord, la chambre d'un appartement assez chic avec de grandes baies vitrées, ou peut-être une chambre d'hôtel. Difficile à dire, John avance doucement mais sûrement dans cette exploration dans le futur. Il balaie avec ses doigts les vidéos et les photos de cette vision, en s'arrêtant un instant sur certains détails, en zoomant régulièrement, et en revenant en arrière plusieurs fois pour s'approprier le crime à venir et espérer l'intercepter à temps. Arrive la temporalité du crime. Cet homicide est prévu dans trente-six heures exactement. La victime est un homme blanc d'une quarantaine d'années. L'arme du crime est un calibre. Enfin, apparaît le futur meurtrier, d'abord en contre-jour. John agite ses doigts avec patience tout de même, car il a presque deux jours pour permettre à son équipe de capturer le coupable à venir. Mais en quelques secondes ses mains s'arrêtent net. Son visage se fige. Il croit se reconnaître dans le futur meurtrier. Il n'y a aucun doute, c'est bien lui. À ce moment précis, un membre de son équipe lui indique qu'un nouvel élément vient d'arriver, qui va leur permettre d'obtenir le nom du criminel. D'un geste ample et rapide, John referme toutes les vidéos, photos et autres captures d'écran, récupère le dernier élément à la volée, et insiste auprès de son équipier pour qu'il fasse une pause et donc qu'il quitte la pièce.

John n'a jamais douté de la robustesse de Precrime. Il croit donc en cette prédiction dans laquelle il est le futur coupable de l'assassinat d'une personne qu'il ne connaît pourtant pas. John pense instantanément à un piège que l'agent du ministère de la Justice[1] envoyé pour évaluer le système lui aurait tendu. Ils ne s'apprécient guère, car l'agent cherche à tout prix à démontrer que Precrime est faillible. Selon lui, il existe des faux positifs, c'est-à-dire des personnes emprisonnées pour un futur crime qu'elles n'auraient finalement pas commis. John parle pourtant de « paradoxe de prédétermination » qu'il faut accepter à défaut de comprendre le fonctionnement des visions de *precogs*. « Le fait d'empêcher une action de se produire ne change pas le fait qu'elle devait arriver », affirme John face à l'agent qui insiste sur le caractère illégal de condamner des individus pour des crimes qu'ils n'ont pas commis. Mais, pour la première fois depuis six ans, John est piégé par sa propre incompréhension du fonctionnement de Precrime. Il est dans l'incapacité d'expliquer pourquoi les *precogs* le voient dans un futur proche tuer un innocent. Il est donc dans l'incapacité de se défendre et décide de fuir. Les paradoxes ont leurs limites.

---

1. Joué par l'acteur irlandais Colin Farrell, dans l'adaptation cinématographique de Steven Spielberg (2002).

Cette scène dans le film *Minority Report* est un pivot déterminant dans le récit. À cet instant de l'histoire, la confiance dans le dispositif disparaît pour laisser place au doute qui impose son rythme. Imaginez cette aventure dystopique dans notre monde numérisé en 2054, où des algorithmes opaques engendrent de telles décisions sur la destinée humaine. Il serait certainement impossible de détecter une erreur, un bug, un biais ou tout simplement un piratage, et d'en souligner les causes. Les conséquences seraient désastreuses, incluant stigmatisation, discrimination et injustice sociale, jusqu'à diviser les individus et à déclencher dans le pire des cas des guerres civiles. Les bons résultats apparents d'un algorithme ne peuvent en aucun cas démontrer son bon fonctionnement, et donc justifier son déploiement massif. L'année 2054 paraît lointaine, j'aurai soixante-douze ans. Mais les changements technologiques et scientifiques entre aujourd'hui et 2054 seront gigantesques. L'accélération des développements et leur translation dans des applications de la vie courante ne feront que croître. Faisons alors en sorte de sortir de l'ombre dès à présent pour garantir une société éclairée, libre de sa destinée.

Sortir de l'ombre

Nous devons sortir un minimum de l'opacité algorithmique en cherchant à expliquer et à interpréter les modèles. Construire des algorithmes hybrides, intégrer le sujet de l'explicabilité dès la conception voire au sein même du modèle, ou encore tester massivement et de manière continue les algorithmes sont des réflexes à avoir et à transmettre. Chercher à expliquer encore et toujours la science algorithmique aux néophytes qui interagissent quotidiennement avec des algorithmes est crucial pour assurer une société éclairée. Et conserver un libre arbitre chez chaque individu. Les ingénieurs et les chercheurs ont la mission de traduire de façon intelligible et de transmettre à tous leurs savoirs. Ils doivent également partager leurs erreurs et leurs questionnements. Ce travail de démocratisation est encore plus nécessaire aujourd'hui par la présence pervasive des algorithmes dans nos vies. Cette tâche est également plus difficile en raison de la complexité de la science algorithmique et de l'accélération de ses développements. Le citoyen a besoin de comprendre comment ces outils fonctionnent, comment leur opacité se crée et comment on peut la diminuer. Quant au législateur, qui construit des lois pour le bien individuel et collectif, il doit développer une posture qui l'éclaire constamment sans jamais voir son flux de connaissances et de savoirs dans une ombre quelconque. Les dirigeants politiques et économiques ont le même objectif pour prendre de bonnes décisions.

Il faut également sortir de la zone d'ombre que l'on construit nous-même par notre tendance à croire qu'on comprend quelque chose qui pourtant nous échappe. Parce qu'on entend ou on lit les mots « algorithmes », « intelligence artificielle » ou encore « data » à longueur de journée sur les chaînes d'information en continu, dans les fils Twitter, les articles de presse ou dans les discussions informelles, on croit les maîtriser. Pour reprendre l'astuce de Richard Feynman, si vous ne savez pas définir un mot, c'est que vous ne l'avez pas compris. En développant cette surconfiance rassurante dans notre compréhension de cet écosystème et de sa grammaire, on élargit davantage la zone d'ombre dans laquelle on se situe. Je vous rassure, c'est humain, je réagis moi-même de la même manière dans d'autres domaines. J'en prends conscience et je fais systématiquement un pas en arrière pour mesurer ma réelle compréhension ou incompréhension des situations ou problématiques qui me sont présentées. Ce phénomène porte même un nom : le principe d'illusion de profondeur explicative ou *Illusion of explanatory depth* en anglais. Initiée en 2002 par Leonid Rozenblit et Frank Keil[1], l'illusion de comprendre s'applique très justement à l'algorithmique. L'omniprésence de cette science, dans les usages, les sujets de conversation et les actualités, nous donne la fausse impression de cerner ses contours. Ajoutez nos biais cognitifs à l'illusion de comprendre et vous obtiendrez le combo idéal pour ombrer encore davantage notre vision du monde.

1. Leonid Rozenblit et Frank Keil, « The Misunderstood Limits of Folk Science: An Illusion of Explanatory Depth », *Cognitive Science*, n° 26, 2002, p. 521-562.

Vous l'avez compris, l'ombre n'est jamais loin, et l'obscurantisme est une menace. Mais heureusement pour nous il y a des solutions à explorer. Cela passe par des bonnes pratiques techniques et non techniques, un encadrement législatif bien fait, ou encore par une volonté générale scientifique et technologique. Dans un seul et même objectif… Dompter les algorithmes.

Chapitre 4

Les lois pour dompter les algorithmes

Nous sommes globalement tous d'accord sur l'importance de construire un environnement de développement et d'utilisation des algorithmes juste et responsable. En revanche, nos avis divergent parfois sur les solutions à apporter. Certains aimeraient interdire l'usage d'algorithmes implicites, qu'importe leur application ; d'autres, animés par une sorte de désir de vengeance contre les Gafam, veulent anéantir ces derniers ; et quelques-uns refusent l'idée même de régulation, considérant que celle-ci entraverait l'innovation. Je vous rassure, il existe une quatrième voie nuancée et pragmatique. À l'instar du RGPD, il est nécessaire, et possible, de construire une régulation progressiste dans son fond et dans sa forme, afin d'encadrer l'intelligence artificielle avec rigueur, réalisme et vision.

Dans sa note sur les grands axes de la future régulation de l'IA, la Commission européenne distingue les algorithmes selon leur niveau de risque : inacceptable, élevé, ou faible. À la lecture de ce rapport, on peut souligner un positionnement légèrement plus conservateur que celui du RGPD. Alors que le texte protégeant les données à caractère personnel a réussi le pari brillant d'*autoriser* par un encadrement strict, le prochain texte sur l'IA semble être davantage destiné à *interdire* – selon le type d'algorithmes et les situations. Le texte condamne à raison le développement et l'utilisation d'algorithmes à des fins de surveillance généralisée comme la reconnaissance faciale largement employée aujourd'hui dans des villes comme Londres avec plus de 600 000 caméras disposées dans les rues de la capitale, à la différence des villes américaines de San Francisco, Berkeley ou Somerville, qui ont par le passé interdit ces mêmes systèmes. Je comprends et j'encourage le bannissement de ces technologies. Il me semble néanmoins nécessaire de veiller à rester ouverts et à l'écoute des enjeux scientifiques et technologiques : il serait dommageable de ratifier des textes de loi trop conservateurs qui empêcheraient l'Europe de profiter des retombées sociales et économiques des innovations futures.

Comment définir un algorithme à risque élevé ou inacceptable ? Que vont exiger les futurs textes (au-delà du texte européen mentionné juste avant) sur l'audition de certains algorithmes ? Qu'entend-on par l'exigence de *transparence* faite à certains algorithmes ? Beaucoup de questions qui, si elles sont mal envisagées ou mal formulées, risquent de nous faire adopter des solutions inadaptées, se révélant rapidement précaires, voire trop conservatrices. Au moment d'écrire ce chapitre, un mois après la sortie de la note de la Commission européenne, beaucoup de discussions tournent sur les manières d'encadrer les algorithmes. Une chose est certaine, chercher à réguler les algorithmes serait une erreur, et même une aberration : c'est tout simplement, en pratique, impossible.

Dompter et non réguler les algorithmes

« Comment réguler les algorithmes ? » Au risque de me répéter, cette question maladroitement formulée risque de mener le législateur et les gouvernements – et nous tous par la même occasion – au-delà de solutions bancales voire dangereuses, tant socialement qu'économiquement. Par exemple, exiger une explication complète du fonctionnement des algorithmes n'est pas une décision pragmatique et réaliste, puisque, comme nous l'avons vu au chapitre précédent, les algorithmes ne sont pas tous entièrement explicables.

En revanche, il est judicieux d'exiger des concepteurs qu'ils fassent appel aux méthodes d'explicabilité pour interpréter la logique, même partielle, de leurs algorithmes, *avant* l'entraînement, *pendant* l'entraînement et/ou *une fois* que l'algorithme est entraîné. Cela fait partie d'un ensemble des bonnes pratiques à utiliser massivement dans les équipes de développement et individuellement chez chaque scientifique ou ingénieur. À cela s'ajoutent les tests à réaliser sur les données, sur le code informatique dans lequel l'algorithme est implémenté, ou encore sur le logiciel complet une fois qu'il est déployé en production et pris en mains par les utilisateurs. Enfin, il faut encourager les acteurs à interroger chaque étape du processus de développement de l'algorithme : dès les discussions orientées par le métier du domaine d'application – banque de détail, réseaux sociaux, commerce en ligne, beauté, médical... – et celles techniques qui précèdent l'amorce du développement, à l'élaboration des spécifications techniques, à la mise en place de pratiques d'implémentation informatique, ou encore au moment des échanges avec les gens du domaine dans lequel l'algorithme est développé ou différents interlocuteurs au sein de l'équipe ou de l'entreprise, à chaque maillon de la chaîne de déploiement de la technologie en question.

Vous vous souvenez certainement du scandale qui a explosé à l'automne 2019 sur l'algorithme de l'application Apple Card ? Cette application hébergée sur le site d'Apple permet, à la suite d'un questionnaire sur vos crédits passés et vos revenus actuels, d'évaluer la ligne de crédit qu'il vous est possible d'obtenir avec Apple. À l'époque, plusieurs utilisateurs – dont Steve Wozniak, l'un des créateurs de la société à la pomme croquée – alertent sur la discrimination apparente de l'outil envers les femmes. Ces lanceurs d'alerte avaient remarqué qu'un homme, à mêmes conditions fiscales et avec un historique de crédit identique à sa compagne, pouvait se voir attribuer une ligne vingt fois plus élevée que cette dernière. Ce ne sont pas les ingénieurs d'Apple qui ont développé l'algorithme d'estimation mais ceux de la banque d'affaires Goldman Sachs, qui a dû finalement s'expliquer. L'algorithme a été entraîné sur les lignes de crédit du passé, à une époque où les femmes gagnaient beaucoup moins que les hommes. L'émancipation économique dont les femmes profitent aujourd'hui ne s'est pas traduite dans les résultats algorithmiques, qui n'ont fait que reproduire une représentativité statistique du passé. Même si le genre n'est pas demandé dans le questionnaire et n'est pas défini dans les *metadata* d'entraînement, on sait que celui-ci peut être déduit implicitement par le type de profession, par exemple. Or cette grave erreur et le scandale qui a suivi auraient pu être évités grâce à des bonnes pratiques algorithmiques. Des mesures statistiques de répartition des données d'entraînement auraient permis de quantifier les différences importantes de crédits entre hommes et femmes, ainsi que l'évolution significative dans le temps de leurs conditions financières. Des tests sur l'algorithme auraient mis en évidence une disparité dans les lignes de crédit accordées. Enfin des discussions intelligemment orchestrées entre des ingénieurs et des financiers auraient certainement révélé l'erreur avant qu'elle se produise concrètement.

Un autre exemple (tristement) connu concerne l'algorithme d'Amazon de sélection de CV pour un poste de développeur en informatique dans l'entreprise. En octobre 2018, Amazon réalise un test en entraînant un algorithme sur les CV de ses embauches des dernières années au poste de développeur, dans le but de pouvoir trier la quantité importante de candidatures que la société reçoit aujourd'hui. Cette expérimentation a fait couler beaucoup d'encre, car l'algorithme écartait systématiquement les CV... de femmes ! Ayant appris sur des embauches historiques dans l'écrasante majorité masculines, l'outil n'a fait que modeler le présent à l'image du passé. Encore une fois, des tests sur la data ou sur l'algorithme une fois entraîné auraient pu éviter une telle discrimination et permettre à Amazon d'échapper à bon nombre d'injures aux conséquences désastreuses pour la réputation de l'entreprise. Là encore des discussions avec les ressources humaines auraient permis de souligner les disparités dans les embauches et donc de contourner un apprentissage à l'aveugle. En étudiant les nombreux scandales de ces dernières années on comprend comment empêcher de telles erreurs de se reproduire dans le futur par l'utilisation de bonnes pratiques de réflexion, de conception, de développement, de test et de *backtesting* algorithmique. On parle aussi de « gouvernance algorithmique ».

Il est fondamental d'exiger des entreprises et des équipes qu'elles conçoivent et appliquent une gouvernance technique et scientifique afin de garantir une compréhension minimale des technologies, l'absence de biais tant dans les données que dans l'algorithme entraîné, une collecte inclusive des données, et enfin un usage responsable de ces outils. Prenons l'exemple de l'algorithme de catégorisation qui, mal utilisé, peut déclencher l'effet bulle qui enferme les utilisateurs dans des sphères relationnelles fortement orientées politiquement, intellectuellement et émotionnellement : seul un suivi régulier et bien articulé de ces algorithmes permet de détecter les signaux faibles d'apparition de cet effet, et donc d'agir en conséquence pour éviter à la bulle de s'installer fermement. La clé ? Une sérieuse et vaste documentation des entreprises sur leur gouvernance, afin de pouvoir prouver, en cas de scandales issus d'actes intentionnels ou accidentels, leur conformité aux prochaines régulations. Ces informations sur la politique de gouvernance permettraient ainsi au législateur et à l'auditeur de retracer et d'évaluer les actions de l'entreprise pour s'assurer qu'elle était en accord avec la loi. Mais elles permettraient aussi avant tout à chaque acteur économique investi dans le développement de ces technologies de mener une réflexion approfondie sur ce qu'est la gouvernance algorithmique en général, tout particulièrement au sein de chaque entreprise concernée.

Il nous faut cependant reconnaître qu'il est difficile d'imposer une liste exhaustive de bonnes pratiques. On risquerait de ne pas profiter de l'effervescence intellectuelle des équipes qui les redessinent encore et toujours. Cela étant dit, on peut imposer par la législation quelques grandes lignes ; comme exiger une étude d'explicabilité, de réaliser des tests de représentativité statistique des données utilisées, ou encore une étude d'impact de l'algorithme, à l'instar de celle demandée par le RGPD concernant l'usage des données. Les acteurs économiques et technologiques développent alors leurs propres techniques pour prouver le bon déroulement de leurs développements algorithmiques. En effet, le RGPD n'explique pas, à raison, comment effacer les données mais impose à une entreprise un cadre pour les effacer à la demande d'un utilisateur. Cette flexibilité du texte de loi est fondamentale.

Dans une optique complémentaire, la scientifique américaine Cathy O'Neil[1] propose de constituer

---

1. Cathy O'Neil mentionne l'idée dans le film documentaire Netflix *Coded Bias*, en 2020.

une agence d'évaluation et de régulation, à l'image de la Food and Drug Administration (FDA), pour approuver le déploiement massif d'algorithmes dans un domaine donné et pour une application en particulier. Aux États-Unis, la FDA, qui est l'équivalent de l'Agence européenne des médicaments dans la santé, approuve le développement, le déploiement et la commercialisation de produits qui interagissent avec la santé des individus. Un examen médical, un médicament ou encore un vaccin nouvellement développés doivent correspondre aux exigences de la FDA pour pouvoir être déployés dans le pays. Une approbation d'urgence peut néanmoins être admise, comme cela a été le cas pour les vaccins contre le Covid-19. En général, il existe différents types d'approbations en fonction du type de produit ou de service déployés, et de leurs impacts sur l'être humain, à commencer par les risques pour son intégrité physique et mentale. Dans le cas des algorithmes, l'idée est séduisante car elle oblige les acteurs à prouver en amont le bon développement de leurs algorithmes selon une liste de critères idéalement définis. Et éviter ainsi d'attendre que l'erreur, voire le scandale, apparaisse pour que le régulateur puisse rétrospectivement vérifier que les choses ont été bien faites. Ces critères d'approbation de la Data and Algorithmic Administration[1] pourraient être construits par des équipes de scientifiques et d'ingénieurs de la data et de l'algorithmique, de l'industrie et de la recherche académique, en étroite collaboration

1. Un nom inventé.

avec des juristes. Pour faire l'avocat[1] du diable, cette approche risque de ralentir fortement les processus de déploiement des algorithmes et donc de diminuer la capacité des acteurs technologiques à innover. Quand on sait qu'il faut plusieurs années pour valider la commercialisation d'un médicament à partir des premiers essais en laboratoire, on comprend la crainte de voir les technologies américaines en attente de validation de la DAA souffrir d'obsolescence en regard de leurs voisines. En revanche, et même si je me méfie souvent des mouvements qui cherchent à décélérer – comme la décroissance économique à laquelle je préfère substituer le concept de croissance juste et responsable –, il n'est pas absurde de vouloir mieux faire les choses en ajoutant quelques étapes à la démarche de commercialisation. Par ce socle de validation institutionnalisée, les algorithmes utilisés par des millions de personnes seraient garantis bien pensés, ingénieusement construits et éthiquement testés. Certains se prononcent même en faveur de l'idée de *transparence inconditionnelle*. J'opposerais que même s'il est parfois bénéfique de partager publiquement certains algorithmes – comme ceux utilisés par l'État pour des décisions impliquant les citoyens individuellement –, leur transparence systématique ne se révèle pas toujours d'une grande aide ou n'est tout simplement pas souhaitable. On observe en effet que l'obligation inconditionnelle de transparence peut, entre autres, démotiver fortement les acteurs privés d'innover.

1. C'est un livre sur les algorithmes et la loi après tout.

Certains d'entre vous pourraient opposer à ma frilosité le fait que de nombreux ingénieurs et scientifiques développent déjà des outils *open source* et publient leurs résultats et leurs travaux librement dans des journaux scientifiques. Vous avez raison. Mais l'innovation publique et ouverte doit se développer aux côtés d'une innovation privée et sous le secret industriel, même temporaire. Vouloir à tout prix confronter ces deux types d'innovation est une erreur qui peut leur faire du tort à toutes les deux. En tant que scientifique, il est parfois judicieux de commercialiser une solution dans le but de l'industrialiser et de la déployer rapidement, pour l'améliorer en profondeur par son utilisation grandeur nature. Certaines innovations naissent aussi parfois de projets atypiques sur lesquels personne n'aurait parié. D'autres découvertes ne peuvent voir le jour qu'à travers une agilité et un déséquilibre quasi permanents en limitant les contraintes structurelles ou organisationnelles, pour faire exploser une créativité souvent nécessaire – je pense notamment aux start-up qui peuvent offrir ce genre d'environnement. Nous étions nombreux à sourire (quand ce n'est pas rire) à l'annonce d'Elon Musk de créer SpaceX. Peu de gens auraient également parié sur la société Apple, créée dans un garage de Los Altos dans les années 1970.

Beaucoup de scientifiques et d'ingénieurs embrassent cette complémentarité entre propriété privée et libre accès, en développant un produit industriel tout en participant à un projet *open source* sur un tout autre sujet. N'oublions pas non plus qu'il est parfois difficile d'agréger un nombre suffisant de développeurs autour de projets *open source* très spécifiques sur des applications particulières. Un projet *open source* de développement d'un système d'exploitation ou d'une librairie Python d'apprentissage machine[1] rassemble une multitude de développeurs au regard de leur utilisation massive.

Pour revenir aux algorithmes, la transparence, qui imposerait une publication et un partage sans conditions du code informatique qu'il embarque, n'apporterait pas grand-chose systématiquement. C'est en particulier le cas des algorithmes entraînés sur réseau neuronal profond : imaginons pouvoir extraire tous les invariants d'un réseau neuronal, cela n'expliquerait pas davantage sa logique. Avoir accès à ce type d'algorithme permettrait néanmoins de le tester et d'extraire certaines explications et interprétations de son fonctionnement à partir des méthodes présentées dans le chapitre précédent. C'est pourquoi la recherche d'explicabilité d'un algorithme est, dans la majorité des cas, bien plus pertinente que sa transparence. De manière plus subtile, on s'évertuera plutôt à diminuer son opacité… et les conséquences possiblement néfastes d'une obscurité algorithmique.

Diminuer l'impact de l'opacité algorithmique

Vous l'avez compris, lorsque l'on parle d'opacité algorithmique, voire de boîte noire, il est capital de

1. Je ne connais pas un scientifique ou un ingénieur qui n'ait jamais utilisé Sklearn, par exemple.

veiller à ne pas confondre *transparence* et *explicabilité*. Alors que la transparence signifie que vous serez défié par vos pairs, parfois depuis l'autre bout du monde, qui observent et analysent votre algorithme dans le but d'en souligner les points faibles et de l'améliorer, la recherche d'explicabilité est pensée pour permettre la compréhension et l'intelligibilité de l'algorithme par *et* pour tous. Aussi, diminuer l'opacité algorithmique n'induit pas uniquement ou simplement la transparence *stricto sensu* de l'algorithme via sa publication ; l'enjeu est clairement autour de l'explicabilité que doivent fournir les acteurs technologiques.

Cela étant dit, contraindre les acteurs à déployer et à commercialiser uniquement des algorithmes intégralement expliqués n'est pas l'approche la plus pragmatique, car on prend le risque de ne pas bénéficier de technologies partiellement explicables qui peuvent pourtant apporter beaucoup. C'est le cas de la plupart des algorithmes d'apprentissage sur réseau neuronal, comme ceux de reconnaissance sur image médicale d'une tumeur. Quand il s'agit d'exiger un niveau d'explicabilité, il faut construire une répartition plus granulaire des algorithmes en fonction de l'application et des impacts d'un mauvais fonctionnement. Les études d'impact des réponses algorithmiques sont en cela fondamentales. Les analyses d'équité (ou *fairness* en anglais) que nous avons vues ensemble au chapitre précédent font partie de ce genre d'études. Si une technologie reconnaît la présence d'une tumeur sur un scanner pulmonaire, le médecin viendra confirmer le diagnostic par des examens supplémentaires, ce qui limite les effets d'un mauvais résultat algorithmique sur le patient. Une ligne de crédit calculée par algorithme et confirmée – même en partie – par un banquier permet d'éliminer les risques d'impact négatifs d'une réponse biaisée sur le client, et ainsi d'éviter le cas de l'application Apple Card.

Même si je ne défends pas l'idée d'une transparence de tous les algorithmes sans conditions, il existe des algorithmes conçus par des acteurs privés dont la publication libre n'abîmerait pas l'innovation, mais au contraire la stimulerait. J'en suis persuadée. C'est le cas des algorithmes de détection de contenu haineux et pornographique sur les réseaux sociaux. Les acteurs tels que Facebook et Twitter ont développé des méthodes de modération manuelle et des algorithmes de détection automatique, qui identifient la majorité de ces contenus subversifs. Cela peut vous surprendre, mais sans ces algorithmes, nous serions submergés de photos et de vidéos pornographiques toute la journée ! Cela ne les empêche certes pas de laisser passer des contenus haineux à travers leurs filets algorithmiques et humains. Certains d'entre nous en sont les victimes régulières. Ces algorithmes de lutte contre la haine numérique, avec leurs limitations actuelles, ne constituent d'ailleurs pas un élément de compétitivité chez les propriétaires de ces réseaux. La force de leur modèle économique se situe ailleurs, notamment par la suggestion automatisée de contenus sur la base d'une connaissance fine de leurs utilisateurs. Facebook, Twitter et les autres n'arriveront pas seuls dans leur coin à résoudre ce problème complexe. C'est pourquoi le partage ouvert des algorithmes de lutte contre la haine et la pornographie, entre les acteurs et avec les autres scientifiques et ingénieurs, permettrait de profiter des efforts de chacun et des développements expérimentaux ou fraîchement validés du milieu de la recherche universitaire. Vous pourriez me dire qu'en publiant ces algorithmes on risquerait de fournir aux personnes mal intentionnées qui exposent leur agressivité latente sur ces réseaux les clés pour les contourner. En pratique cela reste difficile, et on peut tout à fait adapter les algorithmes en conséquence. Ce jeu du chat et de la souris permettrait même d'accélérer l'amélioration de ces outils.

La transparence n'est, par ailleurs, pas seulement algorithmique et concerne d'autres aspects du développement qui permettraient de diminuer l'opacité algorithmique. Je pense ici aux erreurs commises ou aux moyens pour y remédier – quand ceux-ci ne sont pas un enjeu de propriété intellectuelle et commerciale. Partager les accidents et les erreurs, tels que des scénarios catastrophes comme des fuites de données ou des cas de biais algorithmiques, permet de construire des connaissances communes sur les risques et les leçons tirées par les acteurs. Revenons un instant sur le scandale de l'algorithme d'Amazon de sélection de candidats au poste d'ingénieur en sciences informatiques. Amazon a eu l'intelligence, et un certain courage, de parler ouvertement de cet incident de discrimination sur le genre. Je parle de courage, car au vu des articles assassins qui ont suivi, on comprendrait l'hésitation d'un acteur à faire preuve de la même transparence dans le futur.

On a ainsi pu lire dans la presse et sur les fils des réseaux sociaux qu'Amazon était sexiste et qu'il n'aimait pas les femmes. Force est de reconnaître que ce léger raccourci empêche de comprendre les raisons d'une telle erreur et, par la même occasion, les solutions pour la prévenir. Il est important de construire un cadre légal qui donnerait aux acteurs suffisamment confiance pour prendre la parole et partager leurs erreurs. Il est en effet nécessaire qu'ils puissent communiquer sur les solutions efficaces comme celles qui ne fonctionnent pas. C'est la seule solution pour garantir le bon développement de ces outils. Quand on sait que la faute trouve souvent son origine dès le début de la conception de l'algorithme, on comprend l'importance de partager les solutions élaborées pour empêcher ou corriger le plus tôt possible de telles erreurs.

J'ajouterai que chaque scandale algorithmique mis au grand jour intentionnellement par l'acteur, ou par des lanceurs d'alerte populaires ou experts, une fois confirmé par une commission, devrait être suivi d'une documentation obligatoire de la part de l'acteur, impliquant des tests pour diagnostiquer les raisons de cette erreur et la solution pour la réparer et l'éviter dans le futur. On pourrait en ce sens imaginer une certaine indulgence de la part du législateur envers les acteurs qui déclarent leurs propres incidents. Au final, ce principe est déjà appliqué aux individus qui se déclarent eux-mêmes coupables auprès d'une administration judiciaire, et qui peuvent ainsi bénéficier d'une certaine clémence de la part du juge lors de l'estimation de la peine. Une telle législation appliquée aux algorithmes et à leurs propriétaires viendrait conforter l'un des objectifs de ces lois : protéger l'individu et solidifier la confiance du citoyen dans l'État et les acteurs économiques.

Un levier supplémentaire peut être utilisé par les acteurs dans l'objectif de diminuer encore davantage l'opacité des algorithmes qu'ils conçoivent : les *bug* et *bias bounties*[1]. Vous avez certainement entendu pour la première fois le mot *bug bounty* en juin 2020 lorsque le gouvernement français décida de l'appliquer à l'outil TousAntiCovid[2]. En pratique, le gouvernement a mis l'application à disposition des développeurs informatiques, incluant des hackers, afin qu'ils la testent massivement et puissent ainsi en souligner les points faibles en termes de sécurité, et donc les risques de piratage de données. En échange, une prime a été remise aux développeurs qui ont mis en évidence l'existence de bugs. Le *bug bounty*, qui se traduit littéralement par « prime aux bugs », est un procédé largement utilisé depuis les années 1980 pour tester la résilience des outils face à des attaques de piratage en tout genre. Pour cela, on fait appel à l'intelligence individuelle et collective de hackers amateurs ou professionnels qui tentent de pirater les systèmes pour souligner leurs failles ou mettre en valeur leurs forces. Une belle occasion de valoriser ces antihéros sur qui l'on aime souvent tirer à boulets rouges dans les films de science-fiction, et même dans la « vraie » vie.

1. De l'anglais : primes aux bugs et aux biais.
2. Appelé à l'époque StopCovid.

Le *bias bounty* consiste quant à lui à détecter des biais dans l'algorithme d'une application, voire des discriminations technologiques, là encore en recourant à l'intelligence collective des développeurs mais aussi des utilisateurs.

C'est ce que réalise Twitter en août 2021 en lançant une semaine de chasse aux biais de son algorithme de recadrage automatique de photos (on parle aussi de *cropping* en anglais). Cet algorithme avait fait parler de lui en octobre 2020 à la suite d'un recadrage systématique des personnes blanches, écartant les personnes de couleur. Une discrimination technologique raciale évidente qui a heureusement été réparée depuis. En août 2021, Twitter souhaite prendre les devants – et surtout s'éviter un scandale supplémentaire qui mettrait à mal sa réputation – et propose pour la première fois à tous les développeurs et les utilisateurs qui le souhaitent de tester l'algorithme – en leur permettant l'accès au modèle[1] et au code – pour souligner la présence d'autres biais afin de les corriger rapidement. Force est de reconnaître que cet algorithme n'est pas un différenciateur économique pour Twitter qui le dévoile alors sans aucun problème. Twitter a beaucoup plus à gagner en partageant l'algorithme. Le résultat est surprenant. L'algorithme favoriserait les femmes blanches, jeunes et minces lors du recadrage automatique de

1. Kyra Yee, Uthaipon Tantipongpirat, Shubhanshu Mishra, « Image Cropping on Twitter: Fairness Metrics, their Limitations, and the Importance of Representation, Design, and Agency », *ArXiv*:2105.08667, 2021.

photos[1]. Une discrimination provenant sûrement d'un biais dans l'échantillon de données d'entraînement. Vous pourriez me demander, à raison, pourquoi les compagnies comme Twitter ne procèdent pas à ces mêmes tests en interne comme garantie de l'application des bonnes pratiques algorithmiques. En réalité, ils le font déjà. Mais ils peuvent difficilement atteindre la même efficacité que celle obtenue grâce aux *bug* et *bias bounties* qui font appel à toute la communauté de développeurs et d'utilisateurs dans le monde. Vous l'aurez compris, ce procédé devrait être davantage employé par les propriétaires de ces outils pour leur permettre d'analyser leurs algorithmes sous des prismes complémentaires, ainsi que pour combattre toute forme de discrimination technologique et garantir la *fairness* algorithmique. Un moyen ingénieux de diminuer l'opacité d'un algorithme qui, lorsqu'il est utilisé par un acteur, démontre l'engagement de ce dernier dans une gouvernance algorithmique conforme à une législation que l'on espère à venir.

Construire des lois souples et anticipatrices

Même si la loi est souvent conservatrice du fait de son établissement souvent en décalage avec les pratiques sociales et économiques, elle se doit d'anticiper au mieux les scénarios et les changements

---

1. Will Knight, « Twitter's Photo-Cropping Algorithm Favors Young, Thin Females », *Wired*, 9 août 2021.

technologiques, médicaux ou encore sociétaux pour pouvoir perdurer. Force est de souligner que le RGPD est apparu dix ans après la création de Google. Sans aucun jugement, on remarque une rupture de la loi avec les pratiques technologiques, dont il faut prendre conscience pour avancer rapidement mais sûrement. La loi doit également être écrite le plus correctement possible pour minimiser le risque d'apparition de vides technologiques. Ces vides et autres flous qui apparaissent accidentellement par une méconnaissance ou un manque d'anticipation de la part du législateur, ou volontairement par l'action d'un certain lobbyisme déséquilibré, peuvent éteindre l'objectif premier du texte de loi voire mener aux effets inverses – ainsi que nous l'avons vu avec le droit à l'oubli du RGPD, qui n'est pas strictement garanti.

Dans le cas des algorithmes, la pérennité et la justesse de la loi sont plus fragiles et plus difficiles à préserver pour les nombreuses raisons déjà évoquées dans ce livre : la complexité de la discipline, l'accélération des développements et des innovations technologiques, la confusion qui règne sur les algorithmes, ou encore le déséquilibre en termes de puissance économique entre les gros acteurs et l'État souverain. Il y a des précautions à prendre tout en accélérant la construction législative, son déploiement, les jurisprudences et les réflexions sur les prochains amendements.

Dans les régulations à venir, il m'apparaît nécessaire de ne pas porter son attention sur une seule dimension, comme la transparence sans conditions ou le rejet des algorithmes d'apprentissage de toute sorte. Ces positions rigides font prendre le risque au pays ou à la région d'application de ces lois de bloquer son innovation, de priver ses citoyens d'outils pour certains révolutionnaires, voire de revenir en arrière par un décalage trop fort avec des pays voisins qui avancent. Il faut, au contraire, assouplir la loi pour la rendre plus juste pour le citoyen. Rejeter des technologies de détection de tumeurs à un stade précoce du développement du cancer est une aberration. En revanche, exiger un travail de la part des concepteurs pour assurer la *fairness* de l'outil est bien plus pertinent. Les études d'impact, les tests et autres études statistiques vus précédemment vont dans ce sens. Nous avons à construire des textes pragmatiques, avec l'aide de législateurs, politiques et lobbyistes dont la compréhension doit s'améliorer et les connaissances continuer à grandir avec le temps.

Mais, justement, le temps joue contre nous. En ce sens, éviter que le temps nous échappe tout en contournant le risque de geler scientifiquement un pays est un défi nouveau pour notre civilisation. Pour reprendre les mots de Kate Crawford, on observe un déphasage lié à une différence de fréquence des actions législatives face aux actions technologiques. Dans son livre *Atlas of AI*, celle-ci porte un regard occasionnellement dur sur la technologie algorithmique. Dans le chapitre 2, intitulé « *Labor*[1] », elle prend l'exemple d'Amazon pour parler du temps

1. Mot anglais signifiant « travail ».

comme mesure de la productivité et comme outil de contrôle, en contextualisant historiquement ces deux notions. À l'instar d'Amazon, qui est le prince dans cet exercice, dans un monde capitaliste qui s'étend, on a toujours cherché à produire rapidement sans compromis et à contrôler le temps pour maîtriser sa productivité industrielle et son chiffre d'affaires, quitte à malmener l'humain et la nature. Force est d'admettre que l'écologie justifie à elle seule une réflexion profonde sur la manière de concevoir et d'utiliser massivement des outils numériques grands consommateurs d'énergie. Selon Kate Crawford, ce rapport au temps peut s'avérer être encore plus dangereux dans le cas de l'intelligence artificielle. Je comprends ce raisonnement et j'entends les craintes de la scientifique, que je partage, mais je préfère m'éloigner d'un discours rendant le capitalisme et la mondialisation coupables de tous nos maux. La course au temps et à la productivité sans mesure d'impact est naturellement un problème, et le déploiement mondialisé d'algorithmes sans évaluation du caractère inclusif est bien sûr dangereux, mais vouloir ralentir par principe unilatéral les prochains développements algorithmiques pour diminuer les différences de fréquences entre la construction des lois et celle des technologies manque de pragmatisme. En revanche, ralentir *de facto* la conception d'un algorithme par une exigence de tests et d'analyses permettant de mesurer le risque de ce dernier, tout en encourageant l'innovation, m'apparaît comme la démarche à adopter. En parallèle, le corps des législateurs et des parlementaires devra accélérer son apprentissage des sciences de la data et des algorithmes, pour aller plus vite et plus loin dans sa compréhension.

Toujours dans ce rapport au temps, on peut s'interroger sur les avantages de la dynamique d'un système judiciaire de droit commun pour la régulation des pratiques algorithmiques, face à un système de droit civil comme celui que nous avons en France. Dans un pays comme les États-Unis, le droit commun fait systématiquement appel à la jurisprudence pour appliquer la loi mais aussi pour la faire évoluer. En cela, le temps est plus élastique dans l'interprétation et l'exercice des textes. La réponse n'est pas aussi évidente qu'elle puisse paraître dans ces lignes, mais on est en droit de penser que l'appel plus fréquent à la jurisprudence dans les affaires qui concernent l'intelligence artificielle permettrait une plus grande adaptation de la législation. En ce sens, dans notre pays et en Europe, le droit à la concurrence, en faisant appel à cette jurisprudence, constitue le parfait exemple de cette recherche d'agilité de la loi. Comme le RGPD a réussi à le faire, faisons du temps un allié et non une menace par une législation qui autorise tout en encadrant strictement et en réprimant sévèrement. Heureusement pour nous, l'Europe n'a pas interdit la collecte des data à caractère personnel quelle que soit l'application ! Le cas échéant, le Vieux Continent serait sûrement devenu une terre dinosauresque. Il est au contraire en avance sur son temps en ayant réussi à concevoir un texte capable de dompter ces données. Les lois doivent par une certaine flexibilité s'adapter avec le temps, avec les prochains bonds scientifiques, et permettre aux ruptures technologiques de voir le jour. Des disruptions qui seront peut-être la solution aux grands défis écologiques de notre époque, par la création d'un *green cloud*, de modes de stockage économes, ou encore de nouveaux types de déplacement de l'information permettant d'accélérer les calculs sur ordinateurs tout en minimisant la consommation d'énergie. C'est le cas de la société Lightelligence, cofondée en 2019 par un de mes anciens directeurs de recherche au MIT, le Pr John Joannopoulos, qui utilise les photons – et donc la lumière – pour transporter l'information – et donc des données – rapidement afin d'accélérer les calculs d'intelligence artificielle[1].

L'éthique, un pilier de la gouvernance

L'éthique représente entre autres l'ensemble des valeurs morales qui conditionnent nos comportements à travers des devoirs et des normes[2] au sein du collectif. L'éthique s'inscrit dans la société civile et dans les pratiques professionnelles comme dans la médecine ou la recherche scientifique. J'ai moi-même suivi mon premier cours d'éthique à l'âge de 27 ans

1. Yichen Shen, Nicholas C. Harris, Scott Skirlo, Mihika Prabhu, Tom Baehr-Jones, Michael Hochberg, Xin Sun, Shijie Zhao, Hugo Larochelle, Dirk Englund et Marin Soljačić, « Deep Learning with Coherent Nanophotonic Circuits », *Nature Photon*, n° 11, 2017, p. 441-446.
2. Pas au sens légal mais au sens de règles organisationnelles par exemple.

– un peu tard tout de même – à l'université d'État de Pennsylvanie alors que je conduisais mes travaux dans un laboratoire de médecine régénérative. Encore aujourd'hui, j'utilise ce que j'ai appris dans mon travail lorsque je dois prendre une décision sur un projet ou quand je développe un algorithme. J'ai par exemple refusé d'utiliser des résultats d'expérimentations de traumatisme crânien sur des chimpanzés d'un laboratoire asiatique, pourtant publiés légalement dans une revue scientifique, car ces tests sont interdits en Europe et aux États-Unis. J'ai également décliné une mission pour un industriel qui me demandait de construire une stratégie algorithmique pour connaître les détails de la vie personnelle de ses consommateurs. Je ne prétends pas toujours avoir le meilleur jugement, ou le plus *juste*, mais j'essaie systématiquement de mettre en perspective mes choix, sur la base d'un raisonnement clair, en évaluant précisément le mal que je peux faire.

Au risque de contrarier les spinozistes, permettez-moi dans les lignes qui suivent d'associer l'éthique – d'origine grecque – à la morale – d'origine latine. L'éthique et la régulation sont à raison évoquées dans toutes les conversations sur les algorithmes et les données. Alors que la loi régule les actions de la part des personnes physiques et morales, l'éthique permet aux individus de distinguer le bien du mal. En cela, la législation oblige l'obéissance de ces personnes face aux textes sans leur imposer aucune morale. D'une certaine manière, la loi est élaborée et appliquée pour construire une société meilleure, alors que l'éthique est appelée pour faire des individus de meilleurs êtres humains. On comprend alors la nécessité d'assembler ces deux notions dans les fondations d'une société ou d'une gouvernance algorithmique. Comme Kate Crawford le souligne, une gouvernance implique des droits, des obligations et de l'éthique. Et l'intelligence artificielle n'y échappe pas. Car ne s'appuyer que sur la loi pour garantir un bon fonctionnement des algorithmes nous fait prendre le risque d'écarter les intentions individuelles, pourtant nécessaires, qui engagent chacun d'entre nous à faire le bien tout en écartant le mal. En cela, il faut implémenter et diffuser une culture de responsabilités morales individuelles et collectives, et ce, partout. Car contrairement à ce que vous pourriez imaginer, l'éthique dans le domaine des algorithmes n'est pas uniquement un sujet pour les acteurs technologiques. Au contraire, elle nous concerne tous, peu importe notre position sur l'échiquier technologique et social. L'éthique doit par exemple infuser chez les utilisateurs. Nous verrons dans le prochain chapitre, sur l'usage des algorithmes dans l'exercice de la loi, le cas de certains juges américains qui ont davantage « confiance » en une suggestion algorithmique concernant un accusé qu'en un consensus entre pairs. La plupart du temps, on évoque alors l'argument de l'impartialité des mathématiques, qui perd pourtant tout son sens et son poids quand les mathématiques sont organisées selon des choix humains ou des données extraites de nos comportements, souvent inéquitables voire arbitraires – comme c'est le cas pour les algorithmes. Il me paraît donc nécessaire que les juges prompts à faire « confiance » à ces technologies réfléchissent aux conséquences d'un dysfonctionnement algorithmique ou d'une mauvaise interprétation de leur part sur la sentence qu'ils prononcent. En outre, l'éthique en science algorithmique impose également d'élargir systématiquement le champ d'observation et d'analyse des possibles effets négatifs d'une technologie numérique. En plus de mesurer l'impact direct et instantané sur l'humain – ou toute forme de vie –, on doit considérer les conséquences sociétales, économiques ou encore environnementales, à court, moyen et long terme.

Pour alimenter une attitude éthique dans le dimensionnement, la conception, la vente et l'utilisation d'algorithmes, il faut commencer par se poser les bonnes questions. Dans son livre *AI Ethics*[1], le philosophe des technologies Mark Coeckelbergh propose de s'interroger sur qui tire bénéfice d'une technologie donnée, qui est laissé de côté ou encore qui est menacé. On en revient à la question de l'évaluation du mal que l'on peut faire, même à une minorité, qui m'est chère et que j'ai apprise dans mon cours d'éthique. Justement, former les concepteurs à réfléchir éthiquement dans la pratique de leur discipline porte un nom, la « conception orientée par l'éthique » ou *ethics by design* en anglais. Cette approche peut être induite par les prochaines législations sur l'intelligence artificielle qui portent sur les pratiques algorithmiques de développement

1. Mark Coeckelbergh, *AI Ethics*, MIT Press Essential Knowledge Series, 2020.

et d'usage, et non sur les algorithmes strictement. De notre côté de la Machine, citoyens, décideurs économiques, législateurs ou dirigeants politiques doivent exercer leur esprit critique pour interroger les acteurs et s'interroger eux-mêmes afin de mettre en évidence de possibles menaces et répondre aux questions de Mark Coeckelbergh. Pour répondre plus massivement à ce paradigme d'une construction algorithmique orientée par l'éthique, les chartes et les accords complètent magnifiquement la démarche en devenant des déclencheurs de conscience individuelle et collective. La loi donne la philosophie générale en précisant les obligations et les interdits, alors que l'éthique donne un cadre, et pourquoi pas des méthodes, pour la garantir concrètement.

Laissez-moi vous donner un conseil pratique pour exercer votre gymnastique éthique quotidienne ; cela concerne votre langage. Nous utilisons des mots qui souvent nous échappent dans leur sens exact mais dont nous pensons maîtriser la signification au point de les manipuler avec une aisance apparente. Cela n'est pas sans vous rappeler le principe d'illusion de profondeur explicative que nous avons découvert dans le chapitre précédent. Ces mots maladroitement utilisés peuvent menacer notre compréhension du sujet des algorithmes voire nous détourner des vraies questions auxquelles répondre et donc des solutions efficaces à apporter. Pire, ils risquent de nous faire entrer dans l'imagination d'un monde dystopique pourtant irréaliste en pratique. La responsabilité éthique commence par les mots et leur pouvoir.

La professeure en intelligence artificielle et éthique Joanna Bryson[1] explique pourquoi il faut à tout prix éviter d'affirmer, ou tout simplement d'évoquer, avoir confiance en une intelligence artificielle. La confiance est un sentiment d'un être humain envers un autre être humain uniquement. Parler de confiance envers un algorithme fait entrer l'utilisateur dans une vision floue des responsabilités de celui-là. En 2019, le World Economic Forum publie un article[2] dans lequel une auteure défend l'idée d'un contrat de confiance entre les intelligences artificielles et l'humain, dans le but d'assurer une harmonie relationnelle et éthique entre nous, simples mortels, et les Machines. Une solution farfelue qui désengage ici les acteurs technologiques face aux utilisateurs démunis d'un bagage de connaissances et de savoirs pourtant nécessaires pour en saisir les enjeux. Je ne reviendrai pas sur les petites phrases statuant que l'algorithme est sexiste ou raciste, mais l'idée est la même. Parfois, l'usage de certains mots extrapole une situation beaucoup moins excitante et surnaturelle que le scénario raconté semble l'exalter. Ce fut le cas lors de la prise de parole du champion mondial d'échecs Garry Kasparov après sa partie contre l'ordinateur Deep Blue d'IBM, en 1997. Après cinq heures de jeu, Garry Kasparov s'incline face

---

1. Joanna Bryson, « AI & Global Governance: No One Should Trust AI », United Nations University Centre for Policy Research, 2018.
2. Rana El Kaliouby, « How Do We Build Trust Between Humans and AI? », World Economic Forum, 2019.

à la Machine sur un coup qui le perturbe au point de parler d'intelligence supérieure qui le dépasse pour évoquer cette manœuvre contre-intuitive de la part de la Machine. Permettez-moi de briser le mythe par une explication beaucoup moins sexy, néanmoins rationnelle. À un moment de la partie, l'algorithme de Deep Blue doit répondre à une situation de jeu qui n'est pas référencée implicitement dans son apprentissage machine. Autrement dit, la Machine n'a pas dans sa valise de déplacements une manœuvre idéale qui répond à une telle disposition des pièces sur l'échiquier. La réponse algorithmique a alors été de tirer un coup aléatoire pour choisir quelle pièce déplacer et comment. C'est en cela que le champion mondial parle de « manœuvre contre-intuitive ». Je ne blâme pas directement Garry Kasparov d'avoir utilisé ces mots, car il est souvent difficile de contenir son verbe dans un moment d'émotions aussi intenses. Mais chacun d'entre nous doit prendre conscience de notre faiblesse face à la Machine qui semble venir d'un monde parallèle et surpuissant… en apparence.

L'éthique est un des piliers de la gouvernance algorithmique, au même titre que la loi. L'éthique permet de responsabiliser chaque individu, quelle que soit sa position sur l'échiquier technologique et social. Elle rend chacun d'entre nous meilleur à travers une attitude consciente de nos questionnements, nos agissements, voire notre langage. D'une certaine manière, elle nous aide à construire notre autodéfense intellectuelle face à la complexité et à la multiplicité des risques de ce monde algorithmisé.

Lutter contre la jungle algorithmique : une affaire de tous

La plupart des médias utilisent la métaphore de la guerre quand il s'agit d'intelligence artificielle. La « bataille », les « armes », la « victoire » ou encore le « combat » sont les termes couramment évoqués. Je préfère parler de « jungle algorithmique » qu'il faut à tout prix éviter. Qu'on s'entende, il existe bien une compétitivité globale concernant l'intelligence artificielle, mais la rattacher à une guerre mondiale est une erreur. Car, alors que la métaphore de la guerre fait référence à une situation compétitive fantasmagorique qui semble inéluctable, celle de la jungle décrit justement le risque réel que nous prenons en laissant les choses se faire sans foi ni loi. La métaphore de la guerre ne fait que renforcer son existence alors que celle de la jungle permet de l'éviter.

Au sens figuré, la jungle est l'environnement dans lequel la loi du plus fort domine l'organisation de la société comme les relations entre les individus. Cette image contredit et met en danger le contrat social. L'éviter est possible, la fatalité n'est pas l'issue sur laquelle s'accorder. Au contraire, chacun a des responsabilités, des devoirs et des droits pour construire un tissu social et économique d'une société dans laquelle les algorithmes prennent une place significative mais pas n'importe laquelle ni à n'importe quel prix.

Les utilisateurs ont le devoir de comprendre, même dans les grandes lignes, le fonctionnement des outils, et ont le droit d'exiger des explications claires et sans ambiguïtés auprès des acteurs technologiques. Ils ont également le devoir de transmettre aux autres ce qu'ils ont compris, la cohésion sociale est fondamentale dans l'aide que chacun d'entre nous peut apporter aux autres. Je fais souvent référence à cet utilisateur éclairé des technologies – en opposition à l'utilisateur ébloui – qui saura mieux que personne profiter des retombées des innovations technologiques tout en défendant ses droits et ses libertés. Nous avons encore trop tendance à sous-estimer le talon d'Achille que nous sommes pour les géants technologiques que sont les Gafam, par exemple. Sans nous ils ne peuvent exister. Je vais même jusqu'à démontrer que sans système démocratique leur pouvoir est contraint et *a fortiori* limité[1].

Les législateurs et les dirigeants politiques ont le devoir de comprendre, bien plus que le citoyen, la science algorithmique ainsi que ses enjeux technologiques et scientifiques actuels et à venir. Dans cette perspective, ils doivent écouter la recherche publique et privée pour anticiper les prochaines translations de résultats de recherche vers l'industrie, dans le but de construire des politiques publiques ambitieuses, réalistes et bénéfiques pour tous. Dans la même idée, les dirigeants économiques doivent également s'approprier cette discipline pour construire une vision ainsi que pour orienter intelligemment et éthiquement les politiques publiques.

1. Aurélie Jean, « Sans démocratie pas de Gafam ! », *Le Un Hebdo*, février 2021.

Contourner cette jungle où les algorithmes, dont la puissance et la force nous échappent, règnent en rois est aussi le rôle des concepteurs. Scientifiques, ingénieurs et chercheurs doivent s'organiser individuellement et collectivement pour construire un socle de bonnes pratiques, des outils éthiques et inclusifs en minimisant le mal qu'ils peuvent faire même à une minorité, ou encore en s'intéressant d'un peu plus près à la loi, de sa conception à son application. J'admets demander beaucoup à mes pairs. Dans mon livre *De l'autre côté de la Machine*, je vous demandais d'être des philosophes pour briser la tendance que je constatais à l'époque : « Le philosophe réfléchit à un monde qu'il ne comprend pas, et le scientifique construit un monde sur lequel il ne réfléchit pas. » Dans ce livre, je vous demande de vous mettre dans la peau d'un juriste, de comprendre son langage, ses mécanismes de pensée, ainsi que de maîtriser quelques grandes notions en droit pour vous interroger sur la portée de vos prochains développements, mais aussi pourquoi pas vous engager dans les discussions à propos des prochaines régulations sur l'intelligence artificielle.

Les algorithmes ne feront pas la loi, mais au risque de vous surprendre ils sont déjà présents dans l'exercice de la justice…

Chapitre 5

Les algorithmes dans la loi (*double trouble*[1])

Ce livre porte sur le délicat, parfois conflictuel mais toujours intéressant, rapport entre les algorithmes et la loi tant dans son écriture, son appréciation que dans son anticipation. Mais au-delà de cette première approche, il me semblait important et nécessaire de se pencher ensemble le temps d'un chapitre sur l'usage et le développement des algorithmes dans l'exercice de la loi, au sein des systèmes tant judiciaire que policier. Ainsi, dans une sorte de mise en abyme inextricable, les algorithmes influenceraient la loi autant que la loi régulerait leurs comportements. Comme diraient mes amis américains… *double trouble* !

Police prédictive

Ce livre s'ouvre par le récit d'anticipation lunaire, et pourtant vraisemblable et même tangible pour les citoyens de 2021 que nous sommes, de la mise

1. De l'anglais, qui signifie « difficulté double ».

en place d'une « police prédictive » dans la ville de Washington, aux États-Unis, en 2054. En adaptant en 2002 l'œuvre de Philip K. Dick à l'écran, Steven Spielberg nous projette sans le savoir dans une réalité qui se concrétisera dix ans plus tard avec la création de la société PredPol à Los Angeles. La société PredPol, pour Predictive Police[1], est fondée en 2012, à la suite d'un projet initialement lancé en 2010 par le Pr Jeff Brantingham, de l'université d'État de Los Angeles. Dans le cadre de ce programme de recherche, le Pr Jeff Brantingham[2] s'est intéressé à l'établissement de corrélations entre les crimes enregistrés par la police de Los Angeles sur une échelle de temps long. Plus précisément, le professeur et son équipe ont tenté de mettre en place un outil de prédiction de la récidive criminelle en faisant une analogie entre les répliques sismiques et la répétition des crimes[3], en s'inspirant du modèle de prédiction sismique de Marsan[4] – du nom du scientifique français David Marsan. L'idée est *a priori* simple. Pour les séismes comme pour les crimes, il n'existe pas de hasard, mais au contraire une dépendance en temps et en espace selon la même dynamique, et les mêmes effets d'occurrences : un criminel ne se limite jamais à un crime comme un séisme n'est jamais isolé.

1. « Police prédictive » en français.
2. G. O. Mohler, M. B. Short, P. J. Brantingham, F. P. Schoenberg et G. E. Tita, « Self-Exciting Point Process Modeling of Crime », *Journal of the American Statistical Association*, 2011.
3. Bilel Benbouzid, « Des crimes et des séismes », *Réseaux*, 2017.
4. D. Marsan et O. Lenglin, « Extending Earthquakes Reach Through Cascading », *Science*, n° 319, 2008, p. 1076-1079.

En pratique, par l'analyse statistique des lieux des crimes passés, les chercheurs entraînent un algorithme implicite qui permettrait de « prédire » les lieux des crimes futurs. L'idée est séduisante : les crimes suivraient ainsi des schémas propres, qu'il s'agisse du lieu, du type de crime ou encore du profil des criminels. Ces schémas répétitifs, une fois capturés par l'algorithme d'apprentissage, deviennent une arme (si je peux me permettre le jeu de mots) pour « prédire » les futurs crimes. En effet, les crimes à venir ont de fortes chances de se perpétrer dans les lieux qui enregistrent le plus grand nombre de crimes déjà déclarés et inscrits dans l'algorithme. Cet algorithme est le composant principal du logiciel PredPol, et dont la licence a été vendue aux bureaux de police de plusieurs villes américaines – à commencer par Los Angeles. Ce logiciel permet, je cite, « de prédire et éviter les crimes[1] ». En pratique, tous les matins, le logiciel estime les lieux des crimes à venir dans les douze prochaines heures, ainsi que les personnes potentiellement suspectes à approcher, afin que la police puisse cibler les lieux des patrouilles quotidiennes et les personnes à surveiller. Contrairement au début du film *Minority Report*, de Spielberg, les résultats ne sont pas concluants. En effet, même si certains policiers assurent que le logiciel les aide dans leur travail, le nombre de crimes n'a pas diminué significativement depuis son instauration. Certains policiers estiment même que PredPol

1. Comme indiqué en 2020 sur le site internet de la société (https://www.predpol.com/).

ne fonctionne pas, pire, qu'il serait à l'origine d'une certaine discrimination raciale.

Analysons ensemble ce risque bien réel. L'algorithme de PredPol a été « entraîné » sur un échantillon de données des crimes passés. Or, cet échantillon est potentiellement biaisé et ce pour deux raisons.

Tout d'abord, il ne contient que les données de crimes déclarés mais pas l'ensemble des crimes en réalité commis. Autrement dit, les prédictions de l'algorithme ne font que pointer les zones de crime déjà connues, oubliant certains quartiers longtemps désertés par la police. Même constat pour les individus identifiés comme « suspects » par PredPol. En extrapolant la fréquence des interpellations des individus pour anticiper leurs crimes et leurs délits futurs, on prend le risque de stigmatiser des catégories entières de la population, comme les populations noires ou hispaniques. En d'autres termes, selon le logiciel, un ancien délinquant noir présentera de manière déterministe et systématique un risque de récidive bien plus élevé qu'un ancien délinquant blanc. Un autre point problématique, et non des moindres, concerne l'analogie faite par l'équipe de PredPol entre les répliques sismiques et les récidives criminelles. Contrairement à la prédiction d'une récidive, la détection d'une réplique sismique n'engendrera jamais une autre secousse. Je m'explique. En évaluant les endroits où patrouiller ou les individus à approcher, PredPol peut « générer » le crime en stigmatisant des lieux et des individus. De façon plus pratique, PredPol peut avoir un impact sur les crimes concrètement commis par la condamnation indirecte de personnes qui, en retour, réagissent en se rendant coupables – réellement, cette fois-ci – d'un crime. PredPol fait prendre le risque de créer un cercle « criminel » vicieux par un simple effet de causalité algorithmiquement orientée. En algorithmique, on utilise souvent le terme de « prédictions autoréalisatrices » pour exprimer ce phénomène bien connu. Enfin, l'efficacité apparente soutenue par les propriétaires de PredPol ou quelques policiers n'est peut-être qu'un simple biais de confirmation. En patrouillant dans des quartiers pauvres ou au taux de crimes relativement élevé, on va inévitablement identifier un crime, que ce soit un deal de drogue, un vol dans un supermarché ou un acte plus grave. Jusqu'à associer de manière illusoire des événements criminels, ce qui vient amplifier le biais de confirmation sur ces crimes collectés.

À l'origine, la police prédictive s'inscrit dans un objectif relativement noble : anticiper les crimes et éviter aux individus de (re)devenir criminels. Seulement voilà, la réalité est plus complexe et les algorithmes beaucoup moins prémonitoires que les logiciels de simulation de répliques sismiques – et que les récits de science-fiction aimeraient nous faire croire… D'ailleurs, même le film *Minority Report* conclut par l'annonce de la fin du programme Precrime à cause d'une défaillance et de l'existence de faux positifs dans les prédictions de futurs criminels. À l'instar du programme PredPol, interrompu le 20 avril 2020 par la ville de Los Angeles en raison d'un risque intrinsèque trop important de discrimination raciale dans les suggestions algorithmiques.

Il est capital de garder à l'esprit que même si les algorithmes peuvent aider à comprendre une situation afin de – je l'espère – contribuer à l'améliorer, ils peuvent aussi, s'ils sont mal développés, mal expliqués et/ou mal utilisés, créer de graves différences de traitement, à commencer par une stigmatisation des êtres et des choses qui se fonde sur notre histoire, forcément biaisée. Il ne faut pas prendre le risque de figer notre société, pire, de revenir en arrière, mais au contraire garantir son évolution possible en permanence. La loi évolue avec les algorithmes, mais les algorithmes influencent, comme avec PredPol, d'une certaine manière cette même loi à travers son exercice et les pratiques des hommes et des femmes qui en sont les garants, dont font partie les juristes.

Justice automatisée et prédictive

La justice automatisée et prédictive américaine s'inscrit dans une longue histoire, qui commence bien avant la création des algorithmes computationnels. C'est dans les années 1930 que cette discipline prend forme à travers le travail d'universitaires au sein de l'École sociologique de Chicago, fondée par Ernest Burgess, en 1920. À l'époque, ces derniers s'appuient sur des calculs statistiques pour cerner les facteurs sociologiques des crimes. Le calcul prédictif quant à lui émerge dans les années 1970-1980 dans le cadre d'études d'identification du risque de récidive des prévenus, afin de mieux préparer leur sortie de prison. Mais ce n'est que dans les années 2010, concomitantes avec l'explosion du big data[1] et du développement de modèles et d'algorithmes plus complexes, que la justice automatisée américaine entre dans un nouveau paradigme juridico-technique : celui du calcul numérique prédictif à haute performance. On parle alors de justice « prédictive » – même si, une fois encore, je préfère le terme de justice « algorithmisée », qui capture davantage la réalité technico-pratique.

Faisons ensemble un léger pas de côté pour comprendre l'avancée relative de la justice américaine dans ce domaine. Les États-Unis sont un pays du *common law* dans lequel les juges « fabriquent » la loi par les jurisprudences instaurées par leurs décisions judiciaires, qui modifient profondément la manière dont la loi est exécutée par la suite, voire réécrite. *A contrario*, en France, qui est un pays de droit civil, les parlementaires font la loi, appliquée fidèlement et uniformément. Certes, vous pourriez tout à fait m'objecter que la jurisprudence existe aussi en France, et vous auriez raison, mais elle n'est pas systématique comme dans les pays du *common law*, tels que les États-Unis, l'Angleterre ou encore Israël. Cette différence peut expliquer en partie le décalage entre nos deux cultures à l'égard de l'usage d'algorithmes dans l'appréciation et l'application de la loi. Le juge américain, ayant d'une certaine manière plus de pouvoir dans la création

1. De grandes quantités de données.

législative, accepterait davantage ce genre d'outils pour, en théorie, accéder à une plus grande clairvoyance dans ses décisions.

En Europe aussi, la justice prédictive s'inscrit dans une histoire – même si elle ne s'y est pas concrétisée de la même manière qu'outre-Atlantique. En 1704, le scientifique allemand Gottfried Wilhelm Leibniz développe l'idée d'utiliser la logique mathématique dans le but de parfaire l'exercice de la justice. Quelques années plus tard, Nicolas Bernoulli applique les travaux de son oncle le probabiliste français Jacques Bernoulli à la justice statistique, dans le cadre de sa thèse[1]. Depuis ces premiers travaux, de nombreux scientifiques français ont continué cette réflexion, comme Condorcet, Poisson et Laplace. Fermons à présent cette parenthèse chronologique afin d'explorer quelques exemples concrets de l'application contemporaine de cette justice prédictive afin de comprendre les applications, les opportunités mais aussi les risques d'une justice algorithmisée.

L'outil américain le plus connu est sans aucun doute le logiciel COMPAS : Correctional Offender Management Profiling for Alternative Sanctions[2]. Ce logiciel, utilisé dans plusieurs juridictions du pays dont celles des États de New York et de Californie, évalue les risques de récidive chez un individu afin,

1. Intitulée *De Usu Artis Conjectandi in Jure*, obtenue à l'université de Bâle.
2. Que l'on peut traduire par « Profil de gestion des délinquants pour les sanctions alternatives ».

par exemple, de permettre au juge de décider de la libération sous caution d'un accusé en s'assurant *algorithmiquement parlant* de sa comparution au tribunal. En pratique, les individus sur lesquels le risque de récidive est algorithmiquement et numériquement calculé répondent à un questionnaire dans lequel leur sont demandés leur lieu de résidence, leurs antécédents judiciaires mais aussi ceux de leur entourage, leur âge, ou encore l'âge auquel ils ont commis leur premier délit ou leur premier crime. D'autres outils similaires, mais moins répandus, ont également été développés et fonctionnent sur le même principe d'acquisition des données via un questionnaire, comme VPRAI pour Virginia Pretrial Risk Assessment Instrument[1] ou le PSA pour Public Safety Assessment. COMPAS, le plus populaire, a fait couler beaucoup d'encre, en particulier à propos des discriminations technologiques qu'il engendre en stigmatisant certaines populations comme la population noire[2], qui se voit accorder un score de risque systématiquement plus élevé.

Les mécanismes de formation de biais algorithmiques au sein de COMPAS sont comparables à ceux des biais discriminatoires de PredPol envers les Noirs et les Hispaniques. Sans connaître l'entièreté du dessous du capot – car le logiciel COMPAS est privé et protégé par le secret commercial (nous

1. Que l'on peut traduire par « Instrument d'évaluation des risques avant le procès de l'État de Virginie ».
2. Julia Angwin, Jeff Larson, Surya Mattu et Lauren Kirchner, « Machine Bias », *ProPublica*, 23 mai 2015.

reviendrons un peu plus loin sur ce point controversé) –, on imagine facilement ses limites de fonctionnement liées entre autres aux types de données utilisées en apprentissage et à leur collecte. En effet, peu importe le type d'algorithme implicite utilisé – qu'il soit d'apprentissage statistique ou d'apprentissage sur réseaux neuronaux –, rien ne garantit que les données utilisées ne soient pas biaisées. De plus, même si ces données représentent correctement la population récidiviste américaine, elles ne peuvent pas devenir seules un mètre étalon de la récidive. Bien sûr, elles peuvent apporter un éclairage, mais certainement pas imposer un score *stricto sensu* sur lequel le juge se fonderait pour trancher de manière unilatérale. Et bien que la couleur de peau ne soit pas demandée au sein du questionnaire, et ne soit donc pas un des paramètres du modèle, on sait que par corrélation le lieu de résidence renseigne très souvent sur l'ethnicité du sujet. Ainsi, près de 70 % des habitants du quartier central Harlem de New York sont noirs, et plus de 60 % du quartier Watts de Los Angeles hispaniques.

Quand je parle de discriminations technologiques pour ce genre d'outils, on m'interpelle très souvent en m'affirmant que ce n'est pas un biais mais bien une représentation statistique. Au risque de contrarier mes interlocuteurs, je leur réponds systématiquement qu'ils ont tort. En effet, cette *tendance* statistique devient bel et bien un *biais* une fois qu'elle est utilisée comme une condition systématique dans la prise d'une décision. Pour prendre un exemple bête et intentionnellement naïf de ma part, ce n'est pas parce que chez les couples plus de 70 % des femmes font la cuisine[1] que toutes les femmes cuisinent. Je suis en cela le parfait exemple – j'espère que les 30 % de femmes dont je fais partie se sentent moins seules à la lecture de cette phrase. Plus sérieusement, vouloir coller à tout prix une statistique à un comportement ou à un individu est en soi une erreur qui peut s'avérer relativement dangereuse, dans le cadre de la justice, ou au moins gênante, dans le cas de la cuisine. Un autre point porte sur le nombre de paramètres sur la base desquels l'algorithme calcule son score et la manière dont la data est collectée. L'utilisation d'un questionnaire est toujours délicate, car on prend le risque d'avoir des questions fortement subjectives et socialement induites en fonction de leur formulation. Aussi, le nombre de questions et donc *a fortiori* le nombre de degrés de liberté du calcul sont parfois réduits. C'est le cas pour le logiciel PSA, qui contient seulement trois questions ! Cette simplification induit forcément une certaine réduction de la logique sous-jacente du calcul de risque de récidive… et donc de présence de biais réducteurs et simplificateurs. Par ailleurs, et ainsi que je le développerai plus tard, la perte d'explicabilité sur le fonctionnement de ces outils, et donc de ces algorithmes, contredit le principe même de transparence de la justice et de la capacité d'un accusé à remettre en question une décision de justice.

---

1. Étude sur les couples hétérosexuels. Source : Statista, 2021.

À l'instar des réactions de la police et des citoyens à l'égard du programme PredPol, en novembre 2020, les Californiens ont rejeté par référendum la proposition d'abolir le système de libération sous caution au profit d'un système d'évaluation algorithmique du risque de récidive de l'accusé. Cette décision citoyenne envoie un signal fort sur le futur de ces systèmes de justice algorithmisée tant dans leurs développements que dans leur place au sein du système judiciaire américain. Elle met plus particulièrement en avant la complexité et les failles d'un tel système qui empêchent son application systématique et générale.

À ce moment du livre, le lecteur serait tenté de penser que je rejette de manière systématique mais raisonnée tout développement algorithmique appliqué à la justice. La vérité est plus subtile. Je crois en la capacité des algorithmes à fournir des éclairages, à permettre de mieux comprendre une situation et à alimenter une réflexion humaine qui précède une décision et ce, peu importe le domaine. Mais cela doit être fait avec une certaine explicabilité et de la transparence dans le cas de la justice, une certaine responsabilité bien humaine, et un recul et une connaissance nécessaires à la construction d'une critique constructive à l'égard de ces outils, au profit du citoyen. En ce sens, la justice algorithmisée n'est pas une affaire américaine uniquement, mais bien mondiale.

Et en Europe ?

En Europe, des outils sont également développés et mis à disposition des acteurs de la justice, par l'intermédiaire d'entreprises ou d'initiatives étatiques et publiques. Il existe de nombreux outils d'automatisation et d'informatisation de processus administratifs qui facilitent le travail des juristes. Mais ce qui nous intéresse dans ce chapitre, ce sont davantage les outils et donc les algorithmes qui viennent soutenir, orienter ou confirmer une décision judiciaire qui implique le destin d'un individu.

En France on peut citer l'entreprise Case Law Analytics, créée en 2017 à Nantes, qui a pour ambition d'« aider tous les professionnels du droit à prendre des décisions éclairées en matière de stratégie contentieux ». En pratique, Case Law Analytics quantifie le risque de perdre une affaire judiciaire en évaluant les décisions possibles sur le cas en question. Cette approche renforce le principe de la jurisprudence en s'appuyant sur les affaires passées pour statuer sur le cas présent. Sans avoir accès aux détails de l'algorithme, on sait qu'il a été entraîné sur plusieurs milliers de cas de jurisprudence historiques, pour pouvoir évaluer les risques de perdre (ou les chances de gagner) une affaire actuellement traitée. Cette approche statistique est le fruit d'une longue collaboration entre des juristes et des mathématiciens du centre de recherche de l'Inria[1] – ce qui

1. Institut national de recherche en informatique et en automatique.

donne au logiciel une crédibilité scientifique. Cet outil est intéressant parce qu'il fournit une analyse probabiliste de la situation sans imposer à l'avocat un pronostic décisionnel final. En cela, l'acteur de la loi conserve l'habileté et la responsabilité de la décision finale, que l'outil algorithmique ne fait qu'éclairer statistiquement. Cela étant dit, on peut se poser de nombreuses questions sur l'impact négatif d'un éclairage biaisé ou bancal de ces fameuses jurisprudences. À l'instar de l'algorithme du logiciel PredPol, qui reproduit des biais de patrouilles et des biais raciaux en stigmatisant certains individus, l'algorithme de Case Law Analytics peut également reproduire des biais sociétaux inscrits dans les jurisprudences historiques sur lesquelles il a été « entraîné ». Il faut néanmoins rappeler que c'est par les jurisprudences que notre société évolue, et que ces dernières peuvent ainsi être conservatrices, mais aussi disruptives. La sélection et l'analyse de ces jurisprudences sont alors fondamentales, pour ne pas dire critiques, pour construire un échantillon de données d'apprentissage s'inscrivant dans le « bon » sens du progrès et du projet sociétal que nous voulons voir advenir.

À l'échelle étatique aussi, les initiatives ne manquent pas. En France, un programme méconnu du grand public, malgré la transparence et la communication de l'État sur le sujet, et nommé DataJust a fait entrer depuis 2018 la justice française dans un nouveau paradigme : celui de la justice algorithmisée. Ce programme a comme objectif d'estimer de manière automatique les montants des indemnités pour les préjudices corporels. Les préjudices corporels concernent toutes les atteintes à la santé ou à l'intégrité physique, comme une blessure, une maladie ou une infirmité. Au cours de mes recherches, j'ai découvert avec surprise qu'en France, selon le lieu de la condamnation et de la décision de justice, les indemnités pour préjudice corporel diffèrent. Plus concrètement, pour une affaire similaire, avec un niveau de gravité comparable du préjudice, les indemnités décidées sont différentes entre la juridiction de Toulouse et celle de Lille[1], par exemple. En 2016, déjà, un référentiel indicatif d'indemnisation[2] avait été mis en place. DataJust va encore plus loin en analysant automatiquement l'ensemble des indemnités historiques pour proposer une somme pour le préjudice à l'étude, *a priori* plus juste et surtout uniforme sur tout le territoire.

Même si le nom DataJust laisse maladroitement supposer que la data rendrait la justice plus juste, l'idée est en réalité plus subtile. En pratique, à partir des bases de données de la Cour de cassation et du Conseil d'État, on collecte un nombre important de décisions judiciaires passées, dont on extrait automatiquement les indemnités en fonction des chefs de préjudices corporels. Un algorithme est ensuite entraîné sur ces données pour construire par catégorisation un référentiel d'indemnités judiciaires qui servira de guide ou de comparatif pour les juristes, et pourquoi pas les citoyens. Cette

1. C'est un exemple imaginé pour illustrer le propos.
2. Régi par l'article 1271 du Code civil.

estimation prend en compte quarante et un critères explicitement choisis, dont le type de dégât, l'âge de la victime, sa situation familiale ou encore sa situation professionnelle. On est heureusement bien loin des trois critères pris en compte par le logiciel PSA… On peut espérer que grâce à cet outil les inégalités sociales ou économiques disparaîtront au profit d'un socle judiciaire décisionnaire commun à tous les citoyens.

Mais le développement et l'usage d'algorithmes dans ce genre d'estimation peuvent toujours se révéler une menace. Au risque de me répéter[1], en reproduisant des tendances statistiques historiques, on prend le risque de minimiser les évolutions sociales récentes, voire de projeter dans le présent des discriminations sociales du passé, même lointaines. Dans le cas de DataJust, il existe également un risque de biais sur le choix des quarante et un critères et l'importance qui leur est donnée, implicitement ou explicitement. Enfin, il est fondamental de garantir un niveau élevé d'explicabilité de l'algorithmique pour que les citoyens et les acteurs de la loi comprennent la logique sous-jacente de la suggestion de l'indemnité en question.

Il y a encore de nombreux autres points que l'on pourrait aborder ici, comme la reconnaissance faciale permettant aux agents de police et de gendarmerie d'identifier des comportements suspects d'individus. Ce sujet est aujourd'hui un véritable enjeu pour les Jeux olympiques de 2024, l'ensemble

1. La répétition n'est-elle pas la base de la pédagogie ?

des pays de la délégation ne s'accordant pas sur la nécessité pratique et les implications éthiques d'une telle mise en place. On rappelle qu'en mai 2019 le conseil municipal de la ville de San Francisco a rejeté l'usage de la reconnaissance faciale par la police de la ville. Cette décision, preuve d'un libéralisme humaniste et progressiste américain visant à défendre les libertés individuelles, est un geste fort et un message puissant à tout le pays, ainsi qu'au reste du monde.

Comme vous l'avez certainement compris à ce stade, je n'adhère pas au principe d'une surveillance de masse sous couvert de protection des citoyens. Car si on suit cette idée, il suffirait de placer des caméras dans chaque foyer pour mettre fin aux violences conjugales. Ce raisonnement ne tient pas debout : le prix (humain et social) à payer est bien trop grand, et signerait la fin du contrat social. D'un point de vue pratique, je suis également inquiète des moyens mis en place pour protéger ces systèmes de captation de données, afin d'éviter tout risque de piratage d'une entité extérieure, qu'elle soit individuelle ou étatique. Sans parler des Jeux olympiques de 2024, des outils de reconnaissance comportementale par analyse d'images vidéo sont déjà utilisés en France. Comme ceux du tramway de la ville de Nice ou encore ceux dans le quartier de Châtelet-Les Halles à Paris. On a même parlé d'usage de reconnaissance faciale pour identifier le nombre de personnes ne portant pas de masque dans la rue – encore obligatoire à l'heure où j'écris ce livre. Les applications sont nombreuses et les risques de dérives et d'irréversibilité des situations tout aussi nombreux… et dangereux.

L'algorithmique peut servir la justice mais seulement, et uniquement, dans le cadre d'une connaissance technique et scientifique éclairée des acteurs – de l'agent de police au magistrat. Chaque protagoniste doit s'inscrire dans une posture par laquelle il lui est possible de questionner, défier, voire rejeter la suggestion algorithmique. Mais même en adoptant cette posture idéale en théorie et en pratique, la science algorithmique présente des limitations dans son application au domaine de la loi. À commencer par sa relative opacité.

Biais algorithmiques et opacité algorithmique : un oxymore pour la loi

À 19 ans, j'apprends l'existence du juriste italien Cesare Beccaria en lisant son livre *Des délits et des peines*, écrit en 1764. Pour la première fois, je découvre concrètement le principe de hiérarchisation des peines, le traitement équitable des individus par la justice ou encore le principe de transparence de l'exercice de la loi. Je réalise que ce qui me paraissait évident avait été sujet à des débats parfois houleux opposant le philosophe des Lumières Beccaria aux sombres penseurs de l'époque. Beccaria défendait également l'idée d'une justice préventive pour empêcher les criminels de passer à l'action et donc de commettre de futurs crimes. J'aurais aimé connaître l'avis de Beccaria sur la justice algorithmisée. L'arrivée de l'intelligence artificielle aurait certainement perturbé le juriste, qui envisageait sa démarche intellectuelle comme une façon de construire une justice aux décisions ordonnées et fondées. C'est une évidence, les discussions sur la justice algorithmisée doivent s'inscrire sur les temps longs de son histoire pour en comprendre les opportunités et les risques.

En 2021, si je devais, de toutes mes lectures et mes échanges, retenir deux choses qui caractérisent, ou devraient caractériser, la justice, ce serait son indépendance et sa transparence. Deux piliers qui pèsent dans l'exercice de la loi et dans le jugement qui en découle. J'ai aussi découvert qu'aux côtés d'un raisonnement logique de la part du représentant de la loi venait s'asseoir une certaine intelligence émotionnelle pour envisager le justiciable comme un être unique avec une personnalité, une histoire et un passé qui lui appartiennent et qui sont, par définition, uniques et irreproductibles. La science algorithmique ne doit pas faire tomber la justice dans une sorte de factualisation de la loi, selon la formule d'Hervé Croze[1], où les individus seraient des points de données et leur avenir une solution algorithmique. En cela, considérer chaque affaire comme un cas particulier est nécessaire pour construire une justice équitable. Cela étant dit, on compare toujours l'affaire en cours avec d'autres

1. Hervé Croze, « Justice prédictive : la factualisation du droit », *La Semaine juridique – édition générale*, janvier 2017.

antérieures pour en tirer des analogies, comprendre les relations de causalité ou encore garantir une appréciation correcte de la loi et de son application. Et garantir que tous les individus demeurent égaux face aux textes. C'est pourquoi les algorithmes peuvent aider, en repérant dans les affaires et les décisions judiciaires des signaux faibles et des schémas répétitifs implicites difficilement extractibles par les humains que nous sommes.

En revanche, si on n'y prend pas garde, ces algorithmes peuvent altérer l'indépendance et la transparence de la justice. Le juge est indépendant de l'État, de son barreau, des accusés, des accusateurs ou encore des avocats ainsi que des autres juges. Il apprécie et pratique la loi seul, face aux textes et à l'histoire de la justice dans son pays, pour construire la meilleure décision possible. Il peut même exécuter ce qu'on nomme un « revirement jurisprudentiel », qui se concrétise par une interprétation nouvelle de la loi. Ce que l'algorithme ne peut pas en théorie produire, car il s'appuie sur les applications passées des textes. En ce sens, l'arrivée des algorithmes dans les décisions judiciaires apporte bon nombre d'opportunités et de dangers. Tout d'abord l'opportunité de rendre la justice plus transparente en analysant en temps quasi réel les actions des juridictions. L'opportunité également pour le juge d'être éclairé encore davantage et de mesurer l'impact de son verdict, au profit de la société. En revanche, il court aussi le risque d'être influencé par un outil dans sa complexité souvent abstraite, et dont il ne comprend pas tous les tenants et les aboutissants.

En réalité, c'est son indépendance intellectuelle et *morale* qui est en jeu... Heureusement pour lui, plusieurs solutions sont à explorer.

Chaque acteur de la loi (juge, avocat ou policier) doit être en position de comprendre la logique d'exécution de l'outil qu'il utilise afin d'évaluer la pertinence de la suggestion algorithmique, et ainsi faire usage de son libre arbitre pour la suivre ou, pourquoi pas, la contredire. Dans cet effort, les concepteurs devraient être dans l'obligation morale (et pourquoi pas légale) d'expliquer, autant qu'il soit possible pour leurs interlocuteurs de comprendre les détails techniques, la logique de l'outil. Certains d'entre vous pensent peut-être qu'exposer ainsi les rouages du logiciel reviendrait à délivrer les secrets de la Machine. En réalité, il est possible de fournir des éléments sur son fonctionnement, même général, sans entrer dans des détails stratégiques pour l'entreprise propriétaire. De toute façon, même si l'entreprise en question acceptait de *tout* expliquer, cela serait, en pratique, impossible, car cela imposerait à chaque représentant de la loi de suivre cinq années d'études supplémentaires en sciences de la data et en techniques d'apprentissage machine. En revanche, comme dans tous les métiers, l'arrivée toujours plus invasive des algorithmes nécessite tout de même de revisiter la formation des juristes en ajoutant au curriculum un peu de science algorithmique. Non pas dans le but de développer des algorithmes, mais bien dans celui de les comprendre et d'être capable de poser des questions pertinentes au bon moment et pour les bonnes raisons.

Dans cette opacité troublante et controversée, certains acteurs comme ceux du logiciel COMPAS refusent de partager leur code informatique privé et protégé par le secret commercial. Il est aisé de comprendre les limites et les difficultés que pose une telle posture dans le domaine de la justice, où la transparence est capitale pour le juge, les avocats, et même les accusés, qui ont besoin d'appréhender le socle de règles sur lequel leur destin est décidé. Car il s'agit bien ici de règles légales et algorithmiques. Aux textes de loi et à la jurisprudence s'ajoutent les algorithmes et leur exécution passée. Au traditionnel adage « Nul n'est censé ignorer la loi », nous serions ici tentée d'ajouter « Nul n'est censé ignorer les algorithmes ». Pour garantir une telle fiction juridique il faut se donner les moyens d'assurer l'explicabilité et la compréhension algorithmique de ces outils dans la justice algorithmisée. Les créateurs de ces outils doivent en ce sens faire preuve d'une certaine transparence et d'une véritable pédagogie afin de lutter contre une opacité fonctionnelle et structurale qui se révèle néfaste pour les juristes. Comme nous l'avons vu au chapitre 3, la diminution possible du niveau d'explicabilité des algorithmes est un enjeu dans de nombreux domaines d'application où la connaissance explicite de la logique sous-jacente d'une décision est exigée, comme la finance, la médecine, ou bien évidemment la justice.

Attention, cependant : il ne faudrait pas non plus écarter le facteur humain des appréciations et des décisions judiciaires. La justice et l'exercice de la loi sont avant tout une affaire d'êtres humains, de personnes physiques jugées, plaignants, victimes ou encore appréciateurs et défenseurs. En cela, il faut voir les algorithmes comme un moyen d'humaniser encore davantage la justice et non l'automatiser intensivement en prenant le risque de *chosifier* la pratique. Comme le souligne le Pr Angèle Christin, de l'université Stanford[1], l'idée de la machine algorithmique judiciaire capable de faire plus juste que l'humain est la métaphore du solutionnisme technologique, qu'il faut à tout prix éviter. Cet imaginaire du solutionnisme technologique est pourtant bien réel et dans tous les domaines, avec, en tête de liste, celui de la recherche amoureuse qu'on envisage par l'utilisation d'algorithmes, prédictifs, déterministes et découplés de tout apprentissage de notre part à travers des relations passées. Je crois en la technologie pour aider, assister et comprendre, mais il est nécessaire de veiller à ne pas la considérer comme la solution absolue à tous les problèmes de l'humanité. Au contraire, c'est en la comprenant qu'on pourra l'utiliser judicieusement… et continuer à apprendre d'elle, et de nous-mêmes.

Afin de parvenir à ce but noble, il est capital de réussir à « enseigner » aux concepteurs des technologies de justice algorithmisée et aux protagonistes de la loi une véritable conscience et la mesure de *faire mal*, de nuire, même à une minorité. Ainsi, même si je défends l'idée du mouvement Tech for Good, je suis particulièrement méfiante envers son

---

1. Angèle Christin, *Metrics at Work: Journalism and the Contested Meaning of Algorithms*, Princeton University Press, 2020.

utilisation, car elle pourrait nous éloigner de cette prise de conscience de faire mal. Je m'explique.

Quand on pense et qu'on développe une technologie dans le but de *faire le bien* à une large majorité d'individus, on prend le risque de développer un outil qui est néfaste même pour une infime minorité. Mon directeur de recherche à l'université d'État de Pennsylvanie entre 2009 et 2011, le Pr George Engelmayr, m'a très vite formée à réfléchir ainsi. Plus tard, j'ai fait le lien avec Karl Popper et son principe de réfutabilité pour décrire une science. Alors qu'on peut difficilement réfuter le bien qu'on fait à une majorité, on peut systématiquement démontrer qu'on ne fait de mal à personne. Cette pratique poppérienne, que j'ai faite mienne depuis douze ans, se rapproche d'une certaine manière de l'étude d'impact exigée par le RGPD.

L'avenir de la justice algorithmisée doit s'inscrire dans une pratique historique qui suppose l'évolution progressiste des jurisprudences, l'existence d'aléas judiciaires ou encore l'incertitude souvent nécessaire à la recherche d'un consensus éclairé et enrichi. Éclairer et non orienter, ou encore suggérer et non décider sont les principes à partir desquels chaque acteur de l'échiquier légal, technologique et sociétal doit utiliser les technologies d'intelligence artificielle appliquées à la justice.

Au moment d'écrire ces lignes, la Commission européenne vient de publier une note sur la future régulation de l'intelligence artificielle. À l'instar du RGPD, ce texte sera assurément une révolution sociale mais aussi économique en dessinant un différentiateur compétitif évident. *Consommer mieux technologiquement*, en s'orientant vers des outils éthiques et respectueux des libertés individuelles, sera certainement un argument puissant de vente. Comme le RGPD, ce texte influencera sûrement le reste du monde. Souvent, on me pose la question, légitime mais complexe : « Peut-on imaginer un jour construire une législation mondiale sur l'intelligence artificielle ? » Je n'ai jamais su y répondre simplement. Plus honnêtement, je n'ai jamais réussi à fournir une réponse qui satisfaisait les personnes curieuses et impatientes à l'origine de cette interrogation. Mon premier réflexe est de me demander si une telle législation a existé dans le passé, si la loi est le seul recours à des consensus mondiaux, ou encore si une telle solution est mécaniquement possible considérant les différences judiciaires, culturelles et économiques entre les pays. La question méritait bien un chapitre. Je rends ainsi justice à toutes mes réponses décevantes à la saveur inachevée. Dans les prochaines pages, je tenterai de construire une réponse au relief qui vous donnera, je l'espère, des perspectives et, qui sait… une réponse !

Chapitre 6

Vers une réglementation mondiale ?

« Tous les modèles sont faux. » Cette phrase souvent associée au statisticien britannique George Box et que j'ai souvent entendue de mes professeurs en calcul numérique me rappelle encore aujourd'hui à quel point mes algorithmes représentent en partie – et toujours en partie – le phénomène que je souhaite simuler. Force est de reconnaître que nous sommes obligés de simplifier la réalité à partir de nos connaissances souvent limitées, ou de la complexité bien réelle du monde. À cette déclaration puissante, j'ajouterai qu'*il n'y a pas de modèle universel.* Certes on connaît tous la loi universelle de la gravitation du physicien Isaac Newton, mais le cas des algorithmes portant sur des données à caractère personnel est différent. Ils sont calibrés et/ou entraînés sur des données, sur une zone géographique parfois réduite, sur une démographie souvent non contrôlée ou du moins limitée ou encore sur des individus à la culture ciblée. Alors que la physique gravitationnelle est la même en tout point du globe, le comportement des humains diffère fortement d'un pays à l'autre, voire d'un individu à l'autre dans une même ville.

Cela étant dit, on cherche souvent à construire des algorithmes dans le but de les déployer à travers le monde. Que ce soit dans le domaine de la médecine pour la détection de tumeurs, de la finance de marché pour anticiper les microcracks boursiers ou des réseaux sociaux pour partager du contenu et des connexions, la mondialisation des algorithmes est devenue un enjeu social et économique. Nous sommes presque 300 millions de Twitteriens sur cette Terre, répartis dans l'écrasante majorité des 193 pays du monde. Déployer sur le globe un algorithme de suggestion de contenus d'un outil comme Twitter impose de le réentraîner régulièrement ou de l'entraîner par région pour mieux servir les utilisateurs sans aucun risque de discrimination technologique. À cela s'ajoute la législation en place dans chacun des pays, qui, comme nous allons le voir, ne permet pas toujours de déployer, voire d'entraîner, un modèle sur l'ensemble du globe sans contraintes techniques.

Pour éviter une quelconque jungle algorithmique où certains États laissent aux acteurs et *de facto* aux algorithmes le soin de dicter la loi sous prétexte de compétition économique inévitable avec le reste du monde, on serait tentés de vouloir construire une réglementation internationale – bien pensée et faite – sur les algorithmes. Fini les scandales algorithmiques et les condamnations inefficaces sur ces entités mathématiques et numériques, fini les métaphores de la guerre. La recherche d'innovation bénéfique deviendrait le moteur compétitif entre les nations, et le citoyen du monde serait enfin protégé sans conditions. On m'interroge souvent sur cette idée de législation internationale, et j'avoue avoir eu jusqu'à présent peu d'éléments pour fournir une réponse satisfaisante à mon interlocuteur. J'espère que ce chapitre apportera des éclairages. Mais avant d'entrer dans le cœur du sujet, intéressons-nous aux moyens par lesquels nous développons, déployons et utilisons des algorithmes dans le monde entier, aujourd'hui.

Comment déployer mondialement un algorithme aujourd'hui ?

Quand on déploie un algorithme dans un pays en particulier, que ce soit à des fins commerciales ou non commerciales, on a l'obligation de le faire en conformité avec les législations en vigueur dans ce pays, comme le RGPD sur la collecte, le stockage et l'utilisation des données à caractère personnel sur le territoire européen. Peu importe le lieu où vous développez cet algorithme ou encore l'endroit où se trouve le serveur sur lequel les données sont stockées, le RGPD impose à un acteur américain, japonais ou encore brésilien de se plier aux règles européennes s'il souhaite que l'on puisse faire usage de sa technologie sur notre territoire, ou s'il souhaite collecter des données sur les Européens à travers les réseaux sociaux ou les assistants vocaux[1], par exemple. Le RGPD a en cela bousculé la règle qui regardait auparavant le lieu de stockage des données uniquement. Très souvent, quand on cherche à mettre à l'échelle un algorithme en le déployant dans d'autres pays, on s'accorde sur la législation la plus contraignante. Cette législation est aujourd'hui européenne. En cela, une société américaine comme Bloomberg, dans laquelle j'ai travaillé et qui vend ses services dans toute l'Europe, satisfait le RGPD. La France seule n'aurait jamais pu imposer sa législation, beaucoup d'entreprises auraient alors refusé de traiter avec le pays de Molière. Mais en 2020, Apple et Amazon ont enregistré leur plus gros chiffre d'affaires en Europe, juste derrière la région « Amériques[2] ». L'Europe, par sa taille mais aussi le pouvoir économique cumulé et diversifié de ses vingt-huit États membres, peut actionner ce levier économique face au reste du monde.

Cela peut vous surprendre, mais en opposition avec le discours ambiant considérant l'Amérique ou parfois la Chine comme le centre du monde, beaucoup d'entreprises ne produisent souvent qu'une seule version de leurs technologies, celle conforme au texte européen. Par pragmatisme, au regard du coût d'un double développement

---

1. Comme Siri, d'Apple ; Alexia, d'Amazon ; ou encore Google Home.
2. Source : Statista, 2021.

et d'une double maintenance du code informatique par rapport au profit généré, les start-up, les PME (petites et moyennes entreprises) et certaines grandes sociétés localisées aux États-Unis imposent ainsi à l'économie américaine la loi du Vieux Continent. Cela étant dit, il y a sûrement des entreprises qui, par leurs ressources et les revenus qu'elles peuvent générer, adaptent leurs algorithmes et les données collectées au territoire d'usage. Par exemple, sur le site d'assistance de Twitter, concernant le paramétrage par pays de localisation, on peut lire : « [Cela] nous aide à personnaliser votre expérience Twitter et peut affecter le contenu que nous sommes en mesure d'afficher. » Tout est dit : je ne vois pas les mêmes posts quand je suis à Paris ou à Los Angeles.

En revanche, un pays échappe à ce raisonnement : la Chine. La Chine a des règles bien à elles et profondément différentes des réglementations du reste du monde, à commencer par la capacité légale de collecter, à tout moment et par n'importe quels moyens, des informations personnelles sur ses citoyens. L'application ultime étant certainement le calcul du score social qui dessine le champ des libertés des Chinois, comme le refus d'un emploi, d'un billet d'avion ou d'une location d'appartement pour un individu au score insuffisant. La Chine interdit beaucoup de technologies numériques étrangères comme Twitter, Facebook, Instagram ou encore Google. À la place, ils ont leurs propres applications comme Sina Weibo, Qzone, WeChat ou encore Baidu. Je vous laisse imaginer les algorithmes et les données à caractère personnel collectées sur ce genre d'applications. De même, si vous souhaitez déployer une technologie comme un algorithme de suggestion de fard à paupières à partir d'un selfie des yeux de la cliente[1], vous pourrez collecter les données sur vos applications utilisées en Chine, mais vous aurez l'interdiction de sortir ces informations du territoire. Tout doit tourner en local, les algorithmes et leurs apprentissages qui les accompagnent. On comprend alors la difficulté de déployer certaines technologies en Chine. Mais même en constituant près de 19 % de la population mondiale, la Chine ne parvient pas encore à imposer ses règles, et le « score social » n'a pas encore inspiré d'autres pays.

De façon générale, l'adoption d'un appareil juridique mondial est complexe et compliqué. Même les règles sur la propriété intellectuelle faisant consensus dans la majorité des pays n'ont pas encore été adoptées à l'échelle mondiale – comme nous le verrons plus loin. Et pourtant les journaux scientifiques aux comités de lecture les plus reconnus, majoritairement américains, ont réussi à imposer leurs règles sur le plagiat au sein des communautés scientifiques à travers le monde. Ces mêmes journaux qui rejettent les articles comportant une part significative copiée d'autres articles déjà publiés, et qui utilisent pour cela des algorithmes (encore eux !) pour analyser le pourcentage de plagiat

1. Ou du client.

apparent entre un article soumis à leur comité de lecture et les articles dans leur base de données de contributions, de leur journal mais aussi d'autres revues.

Vous l'aurez compris, il est possible de déployer des algorithmes à travers le monde sous couvert de respecter les lois des pays en question, et à condition que le rapport profits/coût reste avantageux pour l'entreprise ou l'organisation à l'origine de ces algorithmes. Mais les choses seraient plus simples et certainement plus justes (sans aucun ethnocentrisme de ma part) si les mêmes régulations protégeant le citoyen et le consommateur étaient mises en place et suivies à travers le monde. Dans le passé, d'autres domaines ont été confrontés à une telle problématique, et s'y intéresser permet d'ouvrir la réflexion… par analogie et comparaison.

Traités, textes et autres accords dans le monde

L'avenir se trouve dans la transversalité et l'interdisciplinarité, cette capacité à croiser les disciplines, les talents mais aussi les questions pour résoudre d'autres problèmes plus larges ou tout simplement *a priori* dissemblables. C'est ainsi que j'ai moi-même abordé la question des régulations mondiales pour les algorithmes en m'intéressant à ce qui avait déjà été tenté et réalisé dans des domaines très variés allant du commerce au clonage, en passant par le travail des enfants, l'usage d'armes nucléaires ou encore la propriété intellectuelle.

Notre civilisation n'a donc pas attendu l'effervescence de la science algorithmique pour s'intéresser à ce sujet. Bien avant l'arrivée du droit, des traités de paix entre des peuples ont même été retrouvés en Mésopotamie, datant de plusieurs siècles avant notre ère. Depuis, les exemples sont nombreux, qu'il s'agisse d'accords de paix, commerciaux ou de défense des droits individuels. Vous pensez certainement à la Déclaration universelle des droits de l'Homme, adoptée en 1948 par les Nations unies. Ce texte constitue une pierre angulaire dans notre civilisation. En revanche, sa valeur et son impact sont simplement moraux, contrairement à la Convention européenne des droits du citoyen, qui a une valeur légale et qui oblige les vingt-sept États membres à s'y plier sous peine de poursuites.

La Déclaration universelle des droits de l'Homme a été initialement signée par cinquante-huit nations, soit un peu moins d'un tiers de tous les pays du monde. Le texte suppose la liberté de circuler dans son pays, de le quitter et d'y revenir. Il suppose aussi le droit à la propriété, à traitement identique de chacun par la loi, ou encore le droit de se reposer et de bénéficier de congés payés, comme stipulé par l'article 24. Il rejette toute forme d'esclavage et de servitude ainsi que l'accès inégalitaire au travail. On comprend alors l'incapacité de nombreux pays à s'accorder sur un tel texte, dans lesquels esclavagisme, sexisme ou encore système totalitaire sont organisés à l'échelle étatique. Ce qui me permet de mettre en avant un point important : les nations se sont construites durant des siècles sur des fondements moraux et légaux parfois antagonistes. Nos cultures sont différentes et croire que la loi serait purement analytique, donc objective et évidente dans sa conception, est une image simpliste et admettons-le assez ethnocentrique, privilégiant instinctivement sa culture et ses fondements. Certes, on rejettera humainement et sans conditions l'esclavage ou la pénalisation de l'homosexualité, mais qu'en est-il de l'âge de la majorité sexuelle par exemple ? Établie en France à 15 ans en 1945, elle peut atteindre 18 ans dans certains États américains. La question qui se pose est alors la suivante : quelle majorité sexuelle doit-on reconnaître universellement et sur quelles bases ? Une chose est certaine, il est difficile de construire une réglementation mondiale entre des pays qui ont des Constitutions – ou l'équivalent – différentes voire divergentes. Cela étant dit, il existe des traités basés sur le droit international que les pays choisissent de ratifier, de signer ou encore de rejoindre[1]. Le droit international rassemble l'ensemble des règles qui définissent les relations entre les États, ainsi que leurs compétences et ce qui les constitue. Dans la Constitution française, il est indiqué que si un traité possède des dispositions qui s'opposent

1. Sans m'aventurer ici dans la nuance qui existe entre les différentes créations d'un traité international.

au texte de la Constitution de notre pays, alors celle-ci doit être modifiée en conséquence. Ce qui induit, comme vous l'imaginez, un processus long et complexe. Parmi les traités internationaux, on peut citer celui sur le *copyright*, incarné par la convention de Berne et mis en exercice en 1984. En 2021, avec 176 nations signataires de ce texte, soit plus de 90 % des pays dans le monde, la convention de Berne est un bel exemple d'accord international. Mais imparfait tout de même par l'absence de 10 % des pays restants, qui n'ont *de facto* aucune obligation morale à se plier à ces règles pourtant fondamentales dans la protection intellectuelle, artistique et industrielle – l'Iran, entre autres, en fait partie.

Il existe également des accords établis au moins entre deux pays, comme celui de libre-échange entre les États-Unis et l'Australie signé en 2004, ou l'accord commercial anti-contrefaçon signé par la majorité des États membres de l'Union européenne. Même en Europe tout ne se conclut pas par un texte législatif. Il y a également des traités que la France n'a pas ratifiés, comme le traité sur l'interdiction des armes nucléaires des Nations unies, créé en 2017 et aujourd'hui signé et ratifié respectivement par quatre-vingt-six et cinquante-quatre États. Les États-Unis et la Grande-Bretagne, détenteurs officiels d'armes nucléaires comme la France, ont refusé de reconnaître ce traité.

Même avec l'existence d'un traité réunissant la totalité des pays dans le monde, l'absence d'autorité supérieure chargée d'assurer la conformité à ces traités restreint fortement leur application. Il existe bien la Cour pénale internationale, mais son action est limitée et n'est rendue possible que par l'acceptation de son rôle et de son statut par les pays impliqués. On peut également sortir d'un accord avec, étonnamment, beaucoup de facilité et sans que soit enregistrée de répercussion directe sur le pays. On se souvient tous des accords de Paris sur le climat signés en 2015 et dont les États-Unis se sont retirés sous la présidence de Donald Trump pour finalement l'intégrer de nouveau à l'arrivée à la Maison Blanche de Joe Biden. On imagine mal un citoyen se retirer de la Constitution de son propre pays de résidence... Malgré ces limitations, les traités internationaux sont nécessaires pour s'accorder collectivement et donner un cadre, mais aussi pour donner l'exemple qu'on souhaite défendre en tant qu'État.

La raison d'État, une remise en question d'une législation mondiale ?

Cela peut vous surprendre, mais l'idée de réglementation mondiale – ou de traités internationaux, car nous avons bien compris qu'il n'existait pas *stricto sensu* de législation mondiale – n'est pas toujours la solution stratégique évidente à retenir par une nation qui peut voir sa souveraineté, ou tout simplement sa gouvernance, exposée et fragilisée par ces accords. Un État peut ne pas désirer fournir certaines informations pourtant supposées par certains traités internationaux. On parle aussi de « raison d'État », qui donne la possibilité à une nation de faire passer un intérêt national devant le reste. Dans certains cas, un pays peut même s'arranger avec nos droits en violant ses propres lois pour protéger les intérêts du pays. J'ai découvert ce concept en 2021 à l'occasion de la tentative – heureusement ratée – du ministre de l'Intérieur français, qui souhaitait accéder aux contenus des messageries cryptées des citoyens comme moyen de lutte contre les activités terroristes. Si nul ne peut contester l'importance de combattre le terrorisme, cet objectif noble ne devrait pas s'appuyer sur n'importe quelle méthode. Force est alors de conclure que la raison d'État ne justifie pas tout[1], mais bien utilisée elle devient un dispositif intéressant et parfois nécessaire.

Revenons aux traités internationaux en prenant l'exemple de la cybersécurité. Aujourd'hui, il n'existe aucun accord mondial sur la cyberdéfense. Les États utilisent leurs méthodes et développent leur stratégie de défense et de protection en se fondant uniquement sur leur propre législation ou en invoquant la raison d'État. La France, par exemple, a des services de protection du pays – dirigés par la Direction de surveillance du territoire – et du reste du monde – sous la Direction générale de la sécurité extérieure –, ainsi que des

1. Aurélie Jean, « Déchiffrement : la raison d'État ne justifie pas tout », *Le Point*, 9 mai 2021.

agents de surveillance, ou espions, sur le territoire et à l'étranger, qui surveillent et rendent compte au gouvernement. À l'heure où les informations sont transportées par Internet, les données à caractère personnel massivement collectées, et les algorithmes développés, la cybersécurité est aujourd'hui un enjeu fondamental pour chaque pays et sa stratégie de défense. Imaginez un instant un traité international sur la cybersécurité qui imposerait moralement aux États signataires une certaine transparence sur leurs activités, ou de suivre certaines règles sur la surveillance. Cela semble difficile – voire impossible et impensable – en pratique.

Je crois que nous nous souvenons tous des unes des journaux de mars 2021 dénonçant la surveillance par l'agence de sécurité nationale américaine[1] de chefs d'État européen, dont Emmanuel Macron et Angela Merkel. On pouvait sentir, à travers les nombreux articles publiés dans les journaux aux quatre coins de la planète, la tension entre les dirigeants politiques, le président français affirmant, à raison, que de telles actions n'étaient pas acceptables entre alliés. Tout s'est finalement apaisé sans que – je suppose – la NSA ait dû dévoiler les détails techniques sur ses méthodes d'écoute, la Défense américaine s'étant sûrement excusée et engagée auprès de l'Europe à ce que ce fâcheux incident ne se reproduise pas.

Pour comprendre les mécanismes d'une telle situation, imaginons ensemble une partie de poker.

1. Ou NSA, pour National Security Agency en anglais.

Tout au long de la partie, les joueurs construisent une stratégie en fonction des cartes qu'ils ont entre les mains. Un joueur chanceux reste dans la partie en avançant avec détermination. Sinon, il peut décider d'abandonner la partie ou au contraire de rester dans le jeu quitte à bluffer. Imaginez alors ce bluffeur se retrouvant seul face aux autres joueurs, qui décident tous de lâcher le jeu face à tant de confiance de sa part. Le joueur bluffeur gagne alors la partie sans être obligé de dévoiler ses cartes au reste de la table. Et parvient ainsi à conserver sa stratégie de bluffeur, même ponctuelle, secrète. La défense d'un pays suppose une certaine culture du secret ; secret qui, dans le cas de certains scandales, comme celui des écoutes, peut se conclure à voix haute, sans exiger de connaître le dessous des cartes et donc la stratégie de l'État en question. En ce sens, la France n'explique pas, à raison, et même à ses propres citoyens, la manière dont elle a intercepté et déjoué la majorité des tentatives d'actions terroristes sur son sol cette dernière année.

L'industrie algorithmique est un enjeu économique et de souveraineté pour les pays et les régions à travers le monde. Un enjeu de défense nationale également quand on sait que les algorithmes sont utilisés dans des technologies de surveillance et de traçage, voire des armes. Sans entrer dans une métaphore guerrière, force est de constater qu'une compétition sévère s'opère entre les nations qui cherchent à devancer leurs voisines dans le développement des prochaines générations de technologies d'intelligence artificielle. Cela passe par des stratégies de financement de programmes de la Défense, d'initiatives privées (start-up, PME et grands groupes) et de la recherche académique, mais aussi des stratégies d'attraction des talents du monde entier ou encore d'organisation de politiques publiques par nation ou région (comme les actions de l'Union européenne) pour innover en profondeur. On comprend alors le caractère sensible et parfois confidentiel du sujet des algorithmes à l'échelle étatique, les États construisant leur souveraineté de façon libre dans leurs actions et leurs décisions, souvent avec une certaine discrétion. Force est de reconnaître qu'en algorithmique, comme dans de nombreux autres domaines, les morales et les valeurs, parfois profondément éloignées – quand elles ne s'opposent pas – entre les nations, induisent des comportements différents dans les gouvernances nationales, tenues partiellement secrètes pour la défense du pays. Cette discrétion stratégique et la défense nationale rendent la législation mondiale difficile à construire et à appliquer. Cela étant dit, il est néanmoins possible d'encadrer directement, et par influence, les développements et les usages des algorithmes à travers le globe.

Comment *encadrer* mondialement ?

Sans aucune figure oxymorique de ma part, je dirais que, pour encadrer mondialement, il faut avant tout chercher à réguler localement, sous-entendu par pays ou par regroupement de pays comme l'Union européenne. Pour plusieurs raisons.

Tout d'abord, il faut construire et démontrer l'applicabilité et l'efficacité d'un cadre à l'échelle d'une nation avant de le reproduire et/ou de l'adapter au sein d'autres pays. Ainsi, la loi Informatique et Libertés, instituée en France dans les années 1970, a d'une certaine manière donné l'élan au RGPD trente ans plus tard. De même, la loi d'un pays peut influencer les législations de ses voisins, mêmes lointains géographiquement et culturellement. C'est ainsi que le droit de vote pour les femmes s'est propagé à travers le monde depuis la fin du XIXe siècle, en commençant par la Nouvelle-Zélande en 1893. En 2011, l'Arabie saoudite, sous la pression du Printemps arabe, est le dernier pays à accorder le droit de vote aux femmes. Par optimisme démesuré peut-être, je veux croire que la démocratie et les libertés individuelles se répandent davantage que l'autoritarisme et la subversion.

Qu'on parle d'influence ou encore de pression économique ou sociale, les pays s'observent et se suivent. C'est également par ce phénomène d'influence positive que la Californie conçoit le CCPA, inspiré par le RGPD. De toute évidence, les citoyens qui observent leurs voisins développent un pouvoir face aux États en exigeant la protection de leurs libertés tout en soutenant l'innovation pour le bien social et économique de leur pays. Internet est, en ce sens, un allié de ces avancées, en permettant une connexion généralisée des individus à travers le globe. Quand l'Europe écrira sa prochaine régulation sur l'intelligence artificielle, elle devra anticiper et donc optimiser les effets que son texte aura sur le reste du monde, tant dans l'écriture des articles que dans sa communication sur le texte.

En complément des textes de loi, l'encadrement des pratiques algorithmiques passe, comme nous l'avons vu, par des accords et des chartes. Les accords entre pays aux valeurs similaires sont un signe fort envoyé aux autres nations qui pourraient faire la même chose. C'est pourquoi il faut sortir d'une animosité épidermique que beaucoup d'individus ont envers les États-Unis pour, au contraire, embarquer tous ensemble vers une vision éthique et responsable de l'intelligence artificielle. Alors que j'écris ces lignes, en juin 2021, les dirigeants européens et américain viennent, contre toute attente, de s'accorder sur un plan de taxation des géants économiques des technologies numériques incarnés par les Gafam. Tout est donc possible. Alors que les traités engagent les dirigeants nationaux à orienter leurs politiques publiques selon les termes de l'accord, les chartes engagent des personnes physiques et morales vers une vision commune, comme les pratiques de développement et d'usage des algorithmes. De nombreuses chartes, parfois incarnées par des serments, ont déjà vu le jour et agissent comme des déclencheurs de conscience individuelle et collective. À l'instar du serment d'Hippocrate chez les médecins, on se rappelle régulièrement les grands principes de chartes et de serments que nous signons afin de garantir nos devoirs, nos précautions et nos engagements. Dans le domaine de l'intelligence artificielle et donc des algorithmes, beaucoup de serments ont vu le jour depuis quelques années, comme la déclaration de Montréal, la Charte éthique européenne ou encore le serment de Holberton-Turing[1].

À la lumière de ces différents exemples et expériences, on observe donc qu'un encadrement mondial est possible mais ne peut se faire que partiellement et par petits pas. Finalement, des accords progressifs au cours du temps permettent de faire se rejoindre davantage de nations, tout en faisant évoluer le consensus entre les pays. Il est aussi important d'harmoniser les réglementations sans uniformiser les développements algorithmiques, au risque de ne plus profiter des émulations innovatives des ingénieurs et des scientifiques à travers le monde. Ces accords seront inévitablement fragiles au vu des enjeux économiques et de défense nationale de chacun, mais il est possible pour les pays de s'aligner sur des grands principes de développement et de traitement des données

1. Construit en juin 2018 par mon ami et collaborateur le scientifique en intelligence artificielle Grégory Renard et moi-même.

par ces algorithmes, afin d'éviter tous types de discriminations technologiques et de garantir l'égalité des droits de chacun face au fonctionnement algorithmique. Et ainsi éviter que *les algorithmes dictent leurs lois*[1].

1. Anthropomorphisme volontaire ici.

Conclusion

Les algorithmes font-ils la loi ? Pour ceux qui connaissent mon aversion pour les questions dont la formulation peut induire une vision déformée de notre monde, cette interrogation peut sembler surprenante, voire contre-nature. Mais il fallait bien l'énoncer pour pouvoir répondre à celle que les médias ou peut-être vous-même vous posez. Car même si la question n'est pas strictement exprimée de cette façon dans les journaux, sur les plateaux de télévision, à la radio ou dans les discussions parlementaires, les nombreux doutes et préjugés qui apparaissent dans les déclarations et les discours souvent obscurs qui nous assaillent chaque jour un peu plus sont un signal faible – mais que je ne peux ignorer. Ouvrir ainsi ce livre par une interrogation légèrement provocante afin de vous embarquer, chers lecteurs, dans une réflexion commune m'a peut-être permis de faire monter à bord certains d'entre vous : j'espère que vous ne m'en tiendrez pas rigueur, et que ce voyage ensemble vous a plu. En répondant à cette question, j'ai souhaité vous fournir les premières clés de compréhension pour éclairer concrètement le débat et permettre à chacun, que ce soit sur l'échiquier social, économique ou technologique, de construire une opinion ou au moins un bagage de connaissances pour l'aider à naviguer dans ce monde somme toute encore nouveau, et presque inexploré.

Comprendre le fonctionnement des algorithmes actuellement déployés, et utilisés massivement pour certains, mais aussi anticiper leur développement, ou encore distinguer l'explicabilité algorithmique de la transparence sont quelques prérequis qu'il me semble essentiel d'expliquer et d'exiger auprès de tous les individus d'une société juste, éclairée et protégée. Porter un regard critique sur son histoire, ses régulations et celles des autres nations est également fondamental pour avancer librement et intelligemment dans la construction de sa propre vision régulatrice. Quand on parle d'algorithmes, on pense à la manipulation populaire, au réchauffement climatique – par notre consommation effrénée de calculs toujours plus grands et de nos outils toujours plus connectés – ou encore au combat pour la toute-puissance algorithmique qui fait rage entre les régions du monde. Mais une telle vision des choses nous enferme dans un prisme réducteur qui ne permet pas de saisir les opportunités des innovations algorithmiques – tout en œuvrant à éliminer les risques. Il faut s'ouvrir encore et toujours pour alimenter notre réflexion et proposer des solutions innovantes et visionnaires.

Au risque de me répéter, mais parce que j'entends encore trop souvent des discours qui semblent sous-entendre le contraire, les algorithmes ne disposent d'aucune personnalité juridique : ils ne peuvent donc porter aucune responsabilité. C'est pourquoi les algorithmes ne peuvent pas, par nature, *faire* la loi. Cela étant dit, et comme nous l'avons vu ensemble au cours de ce livre, ils l'influencent. Les algorithmes peuvent orienter directement la pratique légale en étant développés et utilisés dans l'exercice de la justice. Mal employés, ils deviennent une menace pour ses principes de transparence et d'équité. Bien maîtrisés, ils peuvent au contraire éclairer les acteurs de la loi pour garantir un même traitement de chacun face à la justice. Il demeure vrai que les algorithmes et leurs protagonistes influencent indirectement (ou pas) la loi, tant la discipline est complexe, les législateurs démunis en termes de compétences dans le domaine, et les géants de la tech puissants. C'est pour cela que les prochaines régulations sur l'intelligence artificielle doivent se construire avec la plus grande objectivité scientifique, sociale et économique. En ce sens, les scientifiques et les ingénieurs doivent dès à présent prendre place, et la parole, aux côtés des parlementaires ainsi que des dirigeants politiques et économiques, qui devront quant à eux redoubler d'efforts pour comprendre et s'approprier la discipline. Sans cette prise de conscience et ce changement de paradigme décisionnel, on prend inévitablement le risque de voir implémenter des articles de loi bancals, trop conservateurs et freinant inutilement l'innovation, ou trop fortement orientés par un lobby déséquilibré.

Certains voudraient nous faire croire que la fin est proche, que les algorithmes prendront bientôt le pouvoir et que seule une poignée d'entre nous, sachants et éclairés, seront maîtres de leur destinée – et de celle de l'humanité. Sans même parler, ou valider, la théorie du point de singularité, digne des films hollywoodiens dont on raffole, et selon laquelle l'intelligence générale de la Machine prendrait bientôt conscience de son existence, les craintes d'une partie d'entre nous d'un certain asservissement humain face aux technologies numériques sont légitimes. Je vous rassure, ce scénario n'est pas la seule issue. Au contraire, je pense qu'il faut à tout prix éviter de légitimer ou de souhaiter cet univers kafkaïen où les algorithmes nous dépassent et nous surpassent. La bonne nouvelle – dont ce livre se fait le vaisseau – est qu'une telle situation peut être évitée et maîtrisée grâce à un corpus légal et éthique de règles, ainsi que par une gouvernance incarnée, entre autres, par des bonnes pratiques de travail et de réflexion permanente de la part des concepteurs d'algorithmes, mais aussi des utilisateurs – qui demeurent *in fine* maîtres de l'objectif et de la durée de vie d'une technologie. Gardons à l'esprit que dans une société démocratique, nous, utilisateurs, sommes le talon d'Achille des acteurs technologiques. Si demain nous décidons d'arrêter d'utiliser une application, l'entreprise qui en est propriétaire risque gros, jusqu'à sa disparition. Prendre conscience de cette puissance permet à tous de défier ensemble davantage les gros acteurs qui n'attendent que cela. Je me souviens avoir déclenché en 2019 un sourire de surprise sur le visage instantanément éclairé d'un président d'un Gafam en lui affirmant que nous, les utilisateurs de sa plateforme, étions ses meilleurs ennemis, car nous l'aidions à s'améliorer. Ces acteurs sont arrivés au bout du chemin qu'ils pouvaient paver seuls, ils ont désormais sérieusement besoin d'être challengés, bousculés positivement, et… régulés – tout en conservant leur pouvoir et leur place dans la construction de cette régulation, afin de protéger leurs intérêts et privilèges, trop éminents pour se défaire de tous aujourd'hui.

Dans un futur que j'espère proche, l'ombre asservissante disparaîtra pour laisser place à un éclairage juridique et scientifique chez chaque personne physique ou morale. L'Europe mettra en place une régulation pratique et pragmatique permettant de contrôler intelligemment les développements algorithmiques sans empêcher l'humain et notre planète de profiter des avancées et progrès technologiques et scientifiques. Certaines de ces innovations auront permis d'imaginer et de concevoir des méthodes de calcul, des moyens de connexions à distance, ou encore des modes écologiques et durables de stockage des données. La loi aura fortement encouragé, pour ne pas dire contraint, les institutions publiques et privées à orienter leurs travaux et leurs investissements vers ces sujets. Les États-Unis auront étendu le CCPA à tout le territoire, et s'apprêteront à valider une législation sur l'encadrement de la construction et de l'utilisation des algorithmes. Des accords mondiaux sur l'interdiction de certains algorithmes menaçant la démocratie et les libertés individuelles, tels que ceux de reconnaissance faciale dans certaines situations ou encore de profilage à des fins politiques en période électorale, seront signés. Des bonnes pratiques de conception algorithmique, communes à une grande majorité des acteurs techniques et scientifiques à travers le monde, transformeront l'effet bulle, tant redouté sur les réseaux sociaux, en un lointain et désagréable souvenir. Les géants technologiques, quant à eux, travailleront en étroite collaboration avec les États et les équipes de recherche publique et privée, partageant plus systématiquement leurs développements et leurs études qui sortent du champ de compétitivité économique, et dont ils souhaitent fusionner les connaissances et les apprentissages avec les autres acteurs. À ce moment du récit, les citoyens n'auront d'autre choix que de se responsabiliser, de jouer un premier rôle dans ce scénario nouveau, en s'engageant activement dans ce décor où jusqu'à présent ils n'étaient que de simples spectateurs. Comprendre la science des algorithmes, ses évolutions rapides, ses risques et ses opportunités, et l'expliquer aux autres seront notre devoir. Les droits seuls, à travers la loi, ne suffisent pas à construire une société éclairée et protégée. Les devoirs, incarnés d'une certaine manière par l'éthique et la morale, sont fondamentaux pour garantir l'harmonie, le respect et l'essor intellectuel au sein de nos sociétés.

Nous sommes en 2054. Après six années de fonctionnement, la ville de Washington décide de mettre fin au programme de police prédictive Precrime. John a réussi à désarticuler cette machine et à en capturer la logique pour démontrer la présence de faux positifs et la malhonnêteté de son propriétaire, le directeur de la cellule anticriminelle de Washington, Lamar Burgess. Reconnu innocent du meurtre de Leo Crow qui n'adviendra pas dans un futur incorrectement prédit, John est aujourd'hui rassuré et apaisé. Il aura fallu un scandale, une erreur fatale mise au grand jour pour enfin sortir de ce récit dystopique, en encourageant les Hommes à comprendre ce qui se joue de l'autre côté de la Machine. Une sensation de paix inhabituelle mais fortement agréable flotte à présent dans ce coin du monde où il y a encore peu de temps la confiance en un système incompréhensible était acceptée silencieusement par tous, incapables de juger.

Clap de fin.

Glossaire

Data

Une data est une information sous forme de données qui décrivent un individu, une personne morale, un pays, une société, un objet ou encore un scénario. On distingue les données structurées des données non structurées. La data non structurée est la donnée brute directement collectée, comme un e-mail, une photo, une bande-son ou encore un texte. Cette data peut être traitée en étant nettoyée et organisée selon ce qu'on nomme des « *metadata* », qui viennent (méta)décrire la donnée. « Méta » provenant du grec et signifiant aussi « à propos de ».

Biais algorithmique

Un biais algorithmique est un défaut dans le fonctionnement de l'algorithme qui tend à traiter différemment et de manière incohérente, voire injuste, les situations ou les individus. On parle aussi de « discrimination technologique » quand il s'agit d'injustice de traitement des Hommes. Ces biais algorithmiques proviennent d'un biais dans les données d'apprentissage ou de calibration qui ne sont pas statistiquement représentatives, des critères ou des hypothèses faites sur la logique de l'algorithme. Dans tous les cas, ces biais proviennent souvent de nos biais cognitifs à nous êtres humains, qu'on soit concepteurs de ces algorithmes ou simples utilisateurs dont nos données souvent biaisées orientent maladroitement l'algorithme.

Solution algorithmique

Un algorithme est exécuté – sur ordinateur aujourd'hui – dans le but de répondre à une question, de résoudre un problème ou de comprendre des mécanismes du phénomène simulé. Cela étant dit, il fournit une réponse dont il est important de comprendre la logique de création afin d'apprécier la justesse, détecter un biais voire rejeter cette solution.

Algorithme explicite

Un algorithme explicite est un algorithme dont la logique a été entièrement définie par les concepteurs, humains. Que ce soient les critères, les hypothèses voire des équations mathématiques. Cet algorithme – ou ce modèle – est ensuite calibré sur un jeu de données, appelé « données de calibration », afin de déterminer les valeurs de ses constantes en comparant ses réponses à celles obtenues dans la réalité (par des expériences ou des collectes en situation réelle).

Algorithme implicite

Un algorithme implicite est un algorithme dont la logique est construite implicitement par apprentissage machine. En pratique, l'algorithme est entraîné sur un jeu de données, appelé « jeu d'entraînement », représentant les scénarios – ou situations – de la réalité qu'il doit éventuellement simuler.

Entraînement algorithmique

Un entraînement algorithmique désigne le processus d'apprentissage machine de l'algorithme dont le résultat est sa logique d'exécution. Il existe différents types d'entraînement, comme l'entraînement statistique ou sur réseau neuronal. L'entraînement algorithmique est souvent utilisé lorsque le phénomène sur lequel le problème ou la question sont résolus est difficilement descriptible explicitement ou mathématiquement.

Algorithme hybride

Un algorithme hybride est un algorithme qui possède une composante explicite et une composante implicite.

Explicabilité algorithmique (*vs* transparence)

L'explicabilité des algorithmes regroupe l'ensemble des méthodes de calcul qui extraient une partie ou la totalité du fonctionnement logique de l'algorithme. Même si certains algorithmes explicites sont difficilement explicables, le calcul d'explicabilité est en grande majorité appliqué aux algorithmes implicites, dits « d'apprentissage ». On applique les méthodes d'explicabilité avant l'entraînement, pendant l'entraînement ou après, une fois que l'algorithme est utilisé. L'explicabilité est différente de la transparence, qui suppose le partage de l'algorithme, avec éventuellement la publication du code informatique dans lequel il est programmé et d'où il est exécuté. La transparence ne suppose pas l'explicabilité. Cela étant dit, on peut appliquer sur un algorithme partagé publiquement les méthodes d'explicabilité post-entraînement.

Fairness algorithmique

La *fairness*, mot anglais signifiant « justice » (pas au sens légal), est l'étude et l'analyse d'un algorithme pour garantir que chaque individu est considéré de manière juste et rationnelle, en évitant toute forme de discrimination qui amènerait à examiner injustement une personne par rapport à une autre.

Risque algorithmique

La notion de risque algorithmique regroupe l'ensemble des risques et des menaces liés à l'usage des algorithmes. Ces risques sont, par exemple, les biais algorithmiques, l'usage détourné de l'algorithme – par exemple, un algorithme de reconnaissance facial utilisé pour déverrouiller votre téléphone peut également être embarqué dans les caméras d'une ville pour une surveillance de masse –, ou encore la mauvaise manipulation par un utilisateur non éclairé – comme l'utilisation par une entreprise d'un algorithme de recrutement qui écarte systématiquement les CV de femmes.

Encadrement algorithmique

On parle d'« encadrement algorithmique » pour faire référence à l'encadrement légal des développements et des utilisations des algorithmes. Dans ce livre, l'expression « encadrement des développements et des pratiques algorithmiques » est privilégiée face à la notion de régulation des algorithmes, qui est impossible en pratique.

Open source

On parle d'*open source* quand on se réfère à un logiciel ou à plus petite échelle à un code informatique, libre. Un logiciel libre est un logiciel dont tous les codes informatiques sont partagés publiquement sur une plateforme prévue à cet effet, dont le but est de permettre aux développeurs (scientifiques ou ingénieurs) de collaborer. Cela permet des développements plus rapides et plus robustes, en minimisant davantage les risques de bugs, ou de biais algorithmique par exemple.

Justice prédictive

La justice prédictive regroupe l'ensemble des méthodes analytiques et numériques pour apporter des éléments pertinents au service de la décision judiciaire. Cette discipline a vu le jour en 1920 à travers le travail d'universitaires au sein de l'École sociologique de Chicago. C'est avec l'émergence du big data et de l'algorithmique computationnelle que la justice prédictive passe un cap dans ses applications. Jusqu'à se retrouver aujourd'hui dans des cas d'usage concret de la justice et de la police. Aux termes de « justice prédictive », on substitue dans ce livre celui de « justice algorithmisée », qui capture plus justement ce qui est réalisé, à savoir algorithmiser certains processus de la justice et non la prédire strictement.

Algorithme computationnel

On parle d'« algorithmes computationnels » pour faire référence aux algorithmes aujourd'hui utilisés et exécutés sur ordinateur. Les algorithmes sont bien plus anciens que le temps des premiers ordinateurs. Le mot vient du nom latinisé *algorithmi* du mathématicien perse du IXe siècle Muhammad ibn Musa al-Khwarizmi, mais les principes de raisonnement logique propre à l'algorithmique datent du travail d'Euclide, au IIIe siècle avant notre ère. Alors que les algorithmes étaient historiquement construits pour être exécutés à la main, ils sont aujourd'hui conçus pour tourner automatiquement sur un ordinateur. C'est ainsi que de nouveaux types d'algorithmes voient le jour, comme les algorithmes implicites – d'apprentissage –, qui ne se construisent et ne fonctionnent qu'automatiquement sur ordinateur avec souvent un besoin en mémoire important.

Opacité algorithmique

L'opacité d'un algorithme fait référence au niveau de compréhension de sa logique. On parle aussi de « boîte noire » pour les algorithmes dont on ne connaît aucun aspect du fonctionnement. Leur niveau d'opacité peut être modulé par l'application de méthodes d'explicabilité pour capturer leur logique même partiellement.

Remerciements

Une maison abrite une famille. En cela, je remercie ma famille d'édition chez L'Observatoire, et en particulier mes éditrices Lize Veyrard et Muriel Beyer pour leur soutien et leur amitié.

Je remercie tous les gens avec lesquels j'ai discuté, qui ont relu certains passages de ce livre, et qui m'ont défiée en jouant, très habilement pour certains, l'avocat du diable : James Haillot-O'Connor, Guillaume Sibout, Victor Storchan, Georgie Courtois, Luc Ferry, Julian Adege, Adrien Basdevant, Erwan Le Noan, Tiphaine Bruneau, Amandine Capelle, François Danet, Dhia Eddine Neji, Fernanda Pires, Julien Richter, Kenza Bahraoui, Christophe Rougon, Elisa Velasco, Isabelle Vinco, Morgane Jean…

Je remercie ma famille et mes proches des deux côtés de l'Atlantique qui me soutiennent sans condition. En particulier ma tante Maryvonne Jean, mes parents américains Jane et Brian Krantz, ma sœur américaine Sarah Krantz, ainsi que mes amis les plus proches dont Mathieu Owens-Méchain, Sandrine (Saru) Vohra et Aurélie Galois.

Enfin, je pense à mes grands-parents, Hélène et Albert Jean, qui n'auront pas vu la naissance de ce livre mais qui m'observent et me protègent de là où ils sont aujourd'hui. Vous m'avez appris à examiner et à comprendre notre monde... Merci.

Table

Composition et mise en pages
Nord Compo à Villeneuve-d'Ascq

CET OUVRAGE
A ÉTÉ ACHEVÉ D'IMPRIMER
SUR ROTO-PAGE
PAR L'IMPRIMERIE FLOCH À MAYENNE
EN SEPTEMBRE 2021

N° d'impression : 99025
Imprimé en France